検証　日米地位協定　主権を取り戻すために

目次

「しんぶん赤旗」２０１８年10月28日付から12月28日付まで掲載された「シリーズ　検証　日米地位協定」をまとめ、加筆したものです。

1　世界に例のない米軍特権（総論）

ヘリ落ちようが　犯罪起こそうが…　改定求める声高まる

日本の全土に基地を置き、危険な飛行を繰り返し、犯罪や交通事故でも簡単に逮捕されない――。そうした米軍の特権を定めた日米地位協定について、米軍専用基地の7割が集中する沖縄県や野党各党、さらに２０１８年7月に全国知事会が提言（**資料1**に要旨、巻末に全文）をまとめるなど、改定を求める声が高まっています。世界でも例のない米軍特権を定めた日米地位協定を検証します。

◇

オスプレイが墜落した現場付近に張られた規制線＝2016年12月16日、沖縄県名護市安部（あぶ）

沖縄・普天間《ふてんま》基地と東京・横田基地に配備されている米軍機オスプレイ（垂直離着陸機）は航空法で義務付けられている自動回転（オートローテーション）機能*を有しておらず、同法施行規則に基づく「耐空証明」（飛行の安全証明）が受けられないため、本来なら国内で飛行できません。しかし、同機は日本全土を自由勝手に飛んでいます。

17年10月、沖縄県東村《ひがしそん》の民有牧草地に米軍CH53Eヘリが墜落しました。沖縄県警は現場に規制線を張り、立ち入り禁止に。ヘリの周辺は土地の所有者すら立ち入ることができず、米軍は墜落地点の土壌を勝手に持ち去りました。

さらに17年末、同県宜野《ぎの》湾《わん》市の普天間第二小学校に米軍ヘリの窓が落下。警察は証拠物品である窓を差し押さえず、米軍に返却。事故検証のために自衛官が基地内に入ると合意したものの、いまだに実現していません。

こうした日本の主権侵害の背景には、日米地位協定があります。

米軍CH53E大型輸送ヘリが不時着・炎上した民間牧草地付近に張られた規制線と警備する機動隊＝2017年10月12日、沖縄県東村高江

資料1　全国知事会の提言（2018年7月27日）**要旨**　（巻末に全文）

1　米軍機による低空飛行訓練等で国の責任で騒音測定などを実施。訓練ルートや訓練の時期について事前情報提供を行う

2　日米地位協定の抜本的な見直し―航空法や環境法令などの国内法の適用、事件・事故時の自治体職員の立ち入りの保障などを明記する

3　米軍人等による事件・事故に対する具体的･実効的な防止策の提示、継続的な取り組みを進める

4　施設ごとに必要性や使用状況等を点検、基地の整理・縮小・返還を促進する

＊回転翼機のエンジンが飛行中に停止した場合、機体の落下で生まれる風の力で回転翼を空転させて揚力を生み出し、緊急着陸する方法。オスプレイは回転翼機としての機能も持っている。

数々の特権列挙

日米地位協定は１９６０年1月19日に改定された日米安保条約の第6条（基地の供与、**資料2**）に基づくもので、全28条からなります（**資料3**）。その内容は次の三つに大別されます。

資料２　日米安全保障条約（現行）**第６条**

日本国の安全に寄与し、並びに極東における国際の平和及び安全の維持に寄与するため、アメリカ合衆国は、その陸軍、空軍及び海軍が日本国において施設及び区域を使用することを許される。

前記の施設及び区域の使用並びに日本国における合衆国軍隊の地位は、千九百五十二年二月二十八日に東京で署名された日本国とアメリカ合衆国との間の安全保障条約第三条に基く行政協定（改正を含む。）に代わる別個の協定及び合意される他の取極により規律される。

地位協定とは

米国は第2次世界大戦以来、地球規模での軍事作戦を可能にするため、平時でも海外に兵力を常駐させる「前方展開戦略」をとっています。米国防総省によれば、２０１８年9月時点で１６６カ国に米兵・軍属が駐留しています。

これに伴い、米兵などの要員を「保護」し、受け入れ国の法律に制約されずに軍事作戦に従事できるようにするための枠組み＝地位協定（ＳＯＦＡ）がつくられました。米議会によれば、米国は１００カ国以上と地位協定を交わしています。

資料３　日米地位協定に定められた米軍の特権

２条	日本全土で基地の使用が認められる。自衛隊基地の使用も
３条	提供された基地の排他的管理権を有し、自由に出入りできる
４条	基地の返還の際、米側は原状回復・補償の義務を負わない
５条	民間空港・港湾、高速道路に出入りできる。利用料は免除
６条	航空管制の優先権を与える
７条	日本政府の公共事業、役務を優先的に利用できる
８条	日本の気象情報を提供する
９条	旅券なしで出入国できる
10条	日本の運転免許証なしで運転できる
11条	関税・税関検査を免除
12条	物品税、通行税、揮発油税、電気ガス税を免除
	日本が基地従業員の調達を肩代わり
13条	租税・公課を免除
14条	身分証明を有する指定契約者は免税などの特権を得る
17条	「公務中」の事件・事故で第１次裁判権を有する
18条	被害者の補償は「公務中」で75％支払、「公務外」は示談
24条	基地の費用を分担。日本政府の拡大解釈で「思いやり予算」の根拠に
25条	日米合同委員会の設置

①**基地の提供**　米軍は日本全土に基地を置くことができ、「移動」のため日本中の陸海路、空域を使用できる。基地返還の際、原状復帰の費用は日本が負担。さらに日本側は地代など基地の費用負担を分担する。

②**基地の管理**　米軍は提供された基地を排他的に管理し、火災や環境汚染などが発生しても日本側当局者は許可なしに立ち入れない。米軍は基地内に自由に施設を建設でき、どのような部隊も配備できる。無通告での訓練も可能。

③米軍・軍属の特権的地位　国内で米兵や軍属が犯罪や事故を起こしても、「公務中」であれば米側が第1次裁判権を有する。被害者への補償は「公務外」の場合、示談。多くは泣き寝入り。また、納税や高速道路の利用料免除、旅券なしで出入国可能など、多くの特権が。

処罰もされずに

日米地位協定に基づく膨大な国内法も整備されています。たとえば、航空機が飛行中に物を落としたら航空法に基づいて処罰されますが、米軍機は航空機の安全運航に関する規定（航空法第6章）の適用を除外した航空法特例法により、普天間第二小のような部品の落下事故でも罰せられません。オートローテーション機能がないオスプレイが国内を飛べるのも、同法があるからです。

さらに、地位協定は膨大な密約と一体で運用されています。たとえば、「公務外」の事件・事故の場合は日本側が第1次裁判権を有しますが、その場合でも日本側が裁判権を行使しないとの密約が存在しています。

日本は今も植民地状態
欧州・韓国　主権に関わると改定

根源は占領特権

日米地位協定の前身は52年4月に発効した日米行政協定です。同協定は、占領軍として駐留した米軍が日本の独立後も基地を維持することを柱とした旧安保条約に基づき、米側の全面的な裁判権行使や無制限の基地管理権などを定めています。

いわば米軍の占領特権をそのまま継続するものです。国民の批判をおそれた日本政府は52年2月まで公表せず、国会審議も行われませんでした。

その行政協定の内容はほぼ、日米地位協定に引き継がれています。地位協定は今日まで一度も改定されていません。ちなみに、米軍機の低空飛行や危険飛行などを「合法化」している航空法特例法も52年9月の公布以降、一度も改定されていません。

日本の空は今も植民地状態なのです。

沖縄の基地協定

さらに、沖縄には日米地位協定を上回る米軍の特権を定めた取り決めが存在します。72年5月15日の本土復帰に際して日米合同委員会が作成したもので「5・15メモ」と呼ばれています。全面占領下での基地の自由使用を保証したもので、深夜・早朝の飛行訓練などの根拠になっているとみられます。しかも97年3月まで非公表となっていました。

低空飛行なくす

一方、同じ敗戦国でも、ドイツやイタリアの歩みは全く異なっています。ドイツでは、北大西洋条約機構（NATO）地位協定の補足協定（ボン協定）が71年、81年、93年と3度も改定。と

資料4　地位協定の条文を比較すると…

	日本（日米地位協定）	ドイツ（ボン補足協定）	イタリア（モデル実施取り決め）
国内法適用	原則として米軍に国内法は適用されない	施設区域の使用や訓練・演習で法令を適用	訓練行動等で国内法の順守義務を明記
基地の管理権	排他的管理権を認め、日本側の立ち入り権なし	政府、自治体の立ち入り権明記。緊急の場合、事前通告も不要	全基地はイタリア軍司令部の下に置かれ、自由に立ち入り可能
訓練・演習への関与	規制する権限なし。通報もされない	ドイツ側の許可・承認・同意が必要	イタリア軍司令官への事前通告、調整・承認を明記
警察権	米軍の財産の捜索、差し押さえ、検証の権限なし（合意議事録）	ドイツ警察の基地内での任務遂行権を明記	イタリア軍司令官が全基地に立ち入る権限

くに93年には大幅に改定されました。背景には主権や国民の権利保護を求める国民世論がありました。

沖縄県が2018年3月に公表した現地調査報告書によれば、両国の地位協定と日米地位協定を比較し、①国内法の適用が明記されている②基地の管理権や緊急時の立ち入り権を有している③訓練の実施に関与する――などの違いを指摘しています（**資料4**）。

1993年の大幅改定の結果、ドイツでは米軍機の低空飛行が減少し、現在ではほぼ行われていません（**資料5**）。

イタリアでも、98年2月に発生した米軍機によるロープウエー切断事故（死者20人）を契機に、米軍の低空飛行の高度制限や時間制限を強化。沖縄県の面談に応じたディーニ元首相は「米国の言うことを聞い

資料５　ドイツの軍用機の低空飛行時間

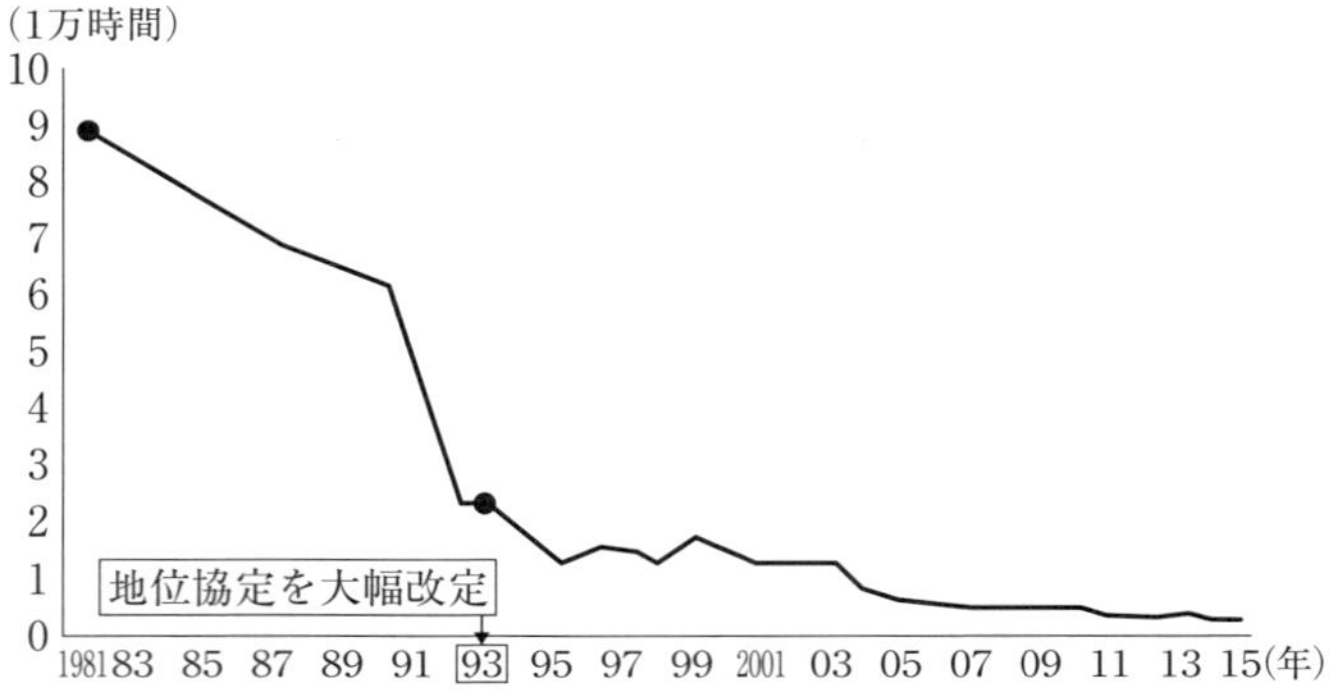

ドイツ政府資料をもとに沖縄県が作成

ているお友だちは日本だけだ」と苦言を呈しました。

また、米韓地位協定は朝鮮戦争休戦中の「戦時」に締結されたことから、日米地位協定以上に主権侵害の度合いが強いものでした。しかし、同協定もこれまで数回にわたって改定されており、基地内の建設は韓国との事前協議を必要とするなど、日本より進んでいる内容も盛り込まれました。

これらの改定はいずれも、米国との同盟関係の是非ではなく、主権にかかわる問題として提起されています。

2 米同盟国でも例のない全土基地方式（第2条　基地の提供）

地位協定第2条のポイント

○米国は日米安保条約第6条に基づき、「日本国内の施設・区域」の使用を許される。個々の施設・区域に関する協定を交わす。

○新たな基地を提供、必要ない基地を返還する。

○米側が管理している施設・区域を日本側が一時的に使用できる（二—4a）。米側が自衛隊基地や民間施設などを一時的に使用できる（二—4b）。

自衛隊基地使う根拠にも

日本には78の米軍専用基地、日米共同使用の自衛隊基地を含めれば133の基地が存在します。加えて、訓練区域として23の空域と46の水域が提供されています（2018年3月現在）。日本は米国の同盟国では最大規模の基地群が存在する文字通りの「米軍基地国家」になっています。

こうした基地を置く根拠になっているのが日米安保条約第6条と地位協定です。「**米国は日米安保条約第6条に基づき、日本国内の施設・区域の使用を許される**」。こう定めた第2条は、日米地位協定の最も本質的な条文です。

地理的制約なし

NATO（北大西洋条約機構）軍地位協定など米国が同盟国とかわしている地位協定の多くは、施設・区域の提供について規定がありません。これに対して日米地位協定は、冒頭から基地の提供（2条）・管理（3条）・返還（4条）などの基地関連の条文が並んでいます。

しかも、条文には「日本国内の施設・区域」としか書いておらず、地理的な制約を設けていません。この点について、外務省が1973年4月に作成した機密文書「日米地位協定の考え方」は、**「米側は、わが国の施政下にある領域内であればどこにでも施設・区域の提供を求める権利が認められている」**と記しています。

つまり、米側には、日本国内のどこでも望む場所に基地を置く権利があるのです。

こうした「全土基地方式」は、米国の同盟国でも類例のない異常なものです。例えばドイツでは、米側が必要な基地や使用目的について定期的にドイツ政府に申告する形になっており（ボン補足協定48条）、イタリアや英国では具体的な施設・区域名を示して個別に協定を結ぶ形になっています。

民間地まで利用

地位協定2条は、施設・区域の日米共同使用についても、①米軍が管理権を有し、自衛隊など日本側が一時的に使用する（＝二4a基地）②米軍が「期間を限って」使用する（＝二4b基地）――と定義しています。なお、米軍が排他的に使用する基地は条文に照らして「二1a基地」と呼ばれています。

防衛省の資料によれば、①に該当する基地が29存在します。空自航空総隊司令部が移転した横田基地（東京都）など、日米の軍事一体化を加速させる要因になっています。

一方、②は63基地が該当し、いずれも自衛隊基地の看板がかかっています。日本本土では73年の大規模な整理・統合などで米軍専用基地が大きく減る一方、80年代から自衛隊基地の共同使用が急増。さらに在沖縄海兵隊の県道１０４号越え実弾射撃訓練や米軍機の訓練移転に伴い、多くの自衛隊基地内に米軍専用施設が建設されるようになりました。

米軍横田基地（東京都福生市など）

築城《ついき》（福岡県）、新田原《にゅうたばる》（宮崎県）両基地では、米軍普天間基地（沖縄県）の「緊急時」の「能力代替」のためとして、米軍用の弾薬庫や滑走路延長まで狙われています。

米軍は「二4b」に基づいて民間の土地も使用できます。２０１８年10月、種子島空港跡地（鹿児島県）で初めて、民間地を使用しての日米共同訓練が強行されました。日米地位協定を根拠として、文字通り日本全土が基地になりうるのです。

在日米軍基地　資産価値11兆円　国民の税金投入で膨張

海外基地数縮減の中　日本不変

米軍の海外基地のうち、在日米軍基地の資産価値総額が約981億8800万ドル（約11・1兆円、1ドル＝113円で計算）に達し、2番目に多いドイツの総額448億5400万ドルの約2・2倍に達していることが、米国防総省がこのほど公表した2018年度版「基地構造報告」で明らかになりました。

17年9月末　ドイツの倍

18年度版は17年9月末の数値をまとめています。資産評価額は基地内の施設件数や床面積などで算定しており、地価は含まれていません。日本は毎年、世界に例のない米軍「思いやり予算」などで施設を新設・改修しているため、必然的に評価額が上がります。「抑止力」という建前で膨大な税金を投入して建設した米軍基地のインフラが、米政府の「資産」にされているという屈辱的な事態です。

基地別にみると、嘉手納《かでな》（沖縄県）、横須賀（神奈川県）、三沢（青森県）、岩国（山口県）、横田（東京都）、キャンプ瑞慶覧《ずけらん》（沖縄県）、横瀬貯油所（長崎県）が上位10位内に入っています（**資料6**）。評価額が大きく上がっている横瀬は13年以来、米海軍

ＬＣＡＣ（エアクッション型揚陸艇）の基地として強化が進んでいます。

米海外基地の総数は５１４で、戦後最少規模で推移しています。過去10年で見れば、07年の７６１基地から２４７減っています（**資料７**）。

これに対して日本では、過去10年間で大きな変化はありません。日本政府が基地維持費の多くを負担していることに加え、基地が集中する沖縄県では名護市辺野古《へのこ》の米軍新基地建設を強行し、京都府京丹後市で新たな米軍基地を建設するなど、海外基地縮小の流れに逆行しています。

資料６　米国の海外基地　資産評価額上位　（単位：100万ドル）

①ラムステイン（ドイツ・空軍）	12620
②嘉手納（日本・空軍）	12310
③横須賀（日本・海軍）	10208
④三　沢（日本・空軍）	8253
⑤岩　国（日本・海兵隊）	7233
⑥横　田（日本・空軍）	6833
⑦ハンフリーズ（韓国・陸軍）	5579
⑧瑞慶覧（日本・海兵隊）	5280
⑨横　瀬（日本・海軍）	4768
⑩トゥーレ（グリーンランド・空軍）	4676

爆音を響かせて夕暮れの佐世保湾を航行する米海軍LCAC＝長崎県西海市

資料７　米国の海外基地数　過去10年間で…

	07年　⇨	17年
全　体	761＊	514（－247）
ドイツ	268	194（－74）
日　本	124	121（－3）

＊イラク、アフガニスタンは含まれず

3　国内法除外の排他的管理権（第3条　基地管理権）

地位協定第3条のポイント

○米軍は日本国内の施設・区域内で、それらの設定、運営、警護・管理のため必要なすべての措置を執ることができる。

治外法権引き継ぐ

基地を自由勝手に使用し、事故や騒音、環境汚染など、日本の法令に反した被害をもたらしても米側は警察や政府・自治体職員の立ち入りを拒むことができる――。日米地位協定第3条は、米軍による基地の「排他的管理権」を規定し、日本の国内法を除外する特権を与えています。これに対して基地を抱える自治体などから、国内法適用や基地内への立ち入り権を求める声が相次いでいます。

権利・権力・権能

地位協定3条に定めている、米軍が執りうる「必要なすべての措置」に関して、地位協定合意議事録は、基地の構築や施設建設、維持・管理、警備、港湾の浚渫《しゅんせつ》、通信網の整備など6項目を列挙。しかし、外務省の機密文書「日米地位協定の考え方」は、「米側のとりうる措置はこれら事項に限られる訳ではない」と指摘し、無制限に拡大する可能性に言及しています。

さらに、日米地位協定の前身である日米行政協定に、「（基地）管理のため必要な又は適当な権利、権力及び権能を有する」と規定されていた点に言及。このような表現は、米軍基地が「治外法権的な性格を有しているかのごとき印象を与えかねない」として削除したものの、実体は「差異はない」としています。つまり、現行協定に「治外法権的な性格」がそのまま引き継がれているのです。

運用の自由認め

その結果として、基地周辺住民は深刻な被害を受けています。典型例が米軍機の騒音被害や事故の危険です。

地位協定3条に伴う１９９６年3月の日米合同委員会合意は、米軍普天間基地（沖縄県宜野湾市）上空の場周経路は「できる限り学校、病院を含む人口稠密《ちゅうみつ》地域上空を避ける」としました。しかし、実際は普天間第二小学校の上空付近を、連日米軍機が飛び続けています。２０１７年末の米軍ヘリ窓落下後も飛行は止まっていません。協定3条で米軍の運用の自由が認められており、学校上空の回避は「できる限り」でしかないからです。

また、全国各地の爆音訴訟では、損害賠償は認められても、飛行差し止めは認められていませ

赤坂プレスセンターの米軍ヘリポート（東京都港区）

ん。米側が基地管理権を有していることが理由として挙げられています。

立ち入り拒否も

米軍は3条を根拠に日本政府や自治体職員などの立ち入りを拒むことができます。

沖縄県内で米軍機の事故が相次いだことを受け、防衛省は18年2月にも自衛官を普天間基地に派遣して検証する方針でした。しかし、今なお、立ち入りは実現していません。日米合同委員会は政府・自治体や国会・地方議員の基地内への立ち入り手続きを定めていますが、許認可権は米側が有しています。

許可なしに立ち入れば、地位協定に基づく刑事特別法によって処罰されます。同法は、基地に対する抗議行動を萎縮させる効果をもたらしています。

国内法適用せず

外務省は、米軍には国内法が適用されないとの立場です。同省は18年までは「一般国際法上、

資料８　NATO地位協定に関するボン補足協定のうち、国内法適用に関する主な条文

◯ドイツ警察は基地内で任務を遂行する権限を有する（28条）
◯機動演習にはドイツの法規が適用される（46条）
◯基地内にはドイツの法令が適用される（53条）
◯ドイツ当局は施設区域内に立ち入りできる。緊急の場合、事前通告なしで立ち入りできる（53条に関する署名議定書）

駐留を認められた外国軍隊には特別の取り決めがない限り接受国の法令は適用されない」と説明。国際法の原則を理由にあげていました。しかし、日弁連が14年の意見書で「外国軍隊を受入国の国内法令の適用から免除する一般国際法の規則は存在しない」と指摘するなど、批判が相次いだため、19年に入って国際法を根拠にした説明を削除しました。しかし、「派遣国と受け入れ国の間で個別の取り決めがない限り、受け入れ国の法令は適用されない」としており、本質的には何ら変わっていません。

ドイツやイタリアでは、文字通り「個別の取り決め」として、地位協定に国内法の適用を随所に明記しています。その代表的なものが、自治体職員や軍当局が米軍の許可なしに基地内に立ち入ることができる権限や、野外演習に対する規制です（**資料８**）。

こうしたことを踏まえ、全国知事会は18年7月の提言（巻末に全文）で、日米地位協定を抜本的に改定し、①航空法や環境法令などの国内法を原則として適用する②事件・事故時の自治体職員の迅速・円滑な立ち入りを保障する——よう求めています。

沖縄米軍ヘリ窓落下後　普天間第二小で児童７０６回避難

学校上空の飛行　今も止まらず

２０１７年12月に米軍普天間基地（沖縄県宜野湾市）所属のＣＨ53Ｅヘリの窓が校庭に落下した普天間第二小学校（同市）で、米軍機が学校上空に接近し児童が避難した回数は、校庭の使用を再開した18年２月13日から９月12日までに７０６回にのぼることが分かりました。防衛省が日本共産党の赤嶺政《あかみねせい》賢《けん》衆院議員に提出した資料で明らかになりました。

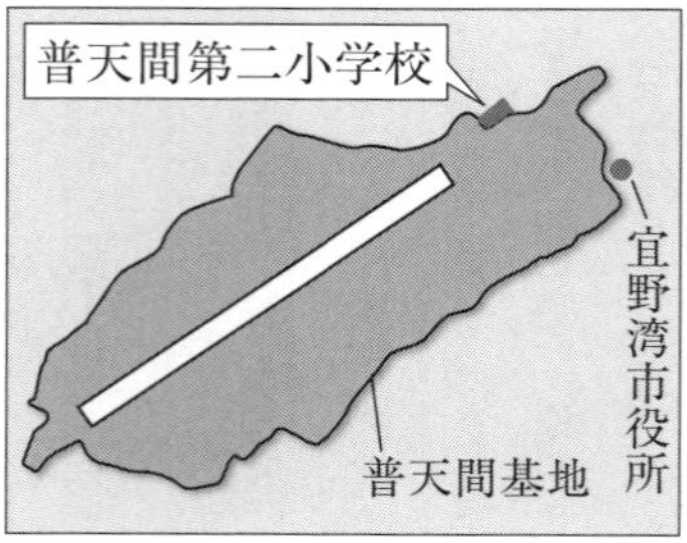

防衛省が資料　赤嶺氏に提出

資料によれば、３月６日の避難は23回を記録し、１日としては最多でした。卒業式のあった同22日に７回、終業式のあった同23日にも６回を記録し、３月の避難回数は計２０４回にのぼります。６月も25～29日の５日間で61回に達するなど、計１５８回にのぼります。避難のたびに体育などの授業は中断を余儀なくされています。

普天間第二小では、校庭の使用再開以降、米軍機が学校上空を飛行する恐れがある場合に、同省沖縄防衛局が配置した監視員が校庭にいる児童に避難を指示していました。8月末には運動場の2カ所に避難所が完成し、9月12日には避難所を使った訓練を初めて実施。同日以降は教職員の判断で児童を避難させることとし、10月1日には防衛局が監視員と誘導員の配置を解除しました。

同小によれば、現在も米軍機飛来の際は教職員の判断で避難を繰り返しています。児童が危険と隣り合わせの学校生活を強いられている状況は変わっていません。米側は17年の事故直後、「最大限、学校の上を飛ばないようにする」と〝再発防止策〟を説明しましたが、何の実効性もなかったことが明らかになりました。

息子が同小に通う日本共産党の宮城《みやぎ》力《ちから》・宜野湾市議は「米軍機の飛行停止をしない限り、子どもや住民の命が脅かされる状況は変わらない」と強調。「普天間基地の無条件撤去に向けて政府への要請行動を強めていきたい」と述べました。

普天間第二小学校の運動場にあった米軍ヘリの窓
＝2017年12月13日、沖縄県宜野湾市（市提供）

4　基地返還　米軍に汚染除去義務なし（第4条　基地返還）

地位協定第４条のポイント

○米国は在日米軍基地を返還する際に、米側の活動に起因する水質汚濁、大気汚染、土壌汚染等の環境汚染が発生しても原状回復、補償の義務はない。
○日本側は米側に補償の請求を行わない。

日米地位協定第４条により、米軍は基地の返還時に原状回復する義務を免除されています。日本の環境法を順守する義務もないため、基地が返還されても日本政府や自治体には汚染除去など重い負担が課せられています。

立ち入り米次第

２０１３年に米空軍嘉手納基地の一部返還跡地（沖縄市）のサッカー場で、ベトナム戦争時に枯れ葉剤を製造した米国企業名が記載されているドラム缶が計83本発見されました。米軍の廃棄物とみられ、同市の調査では液体や付着物から環境基準値の８・４倍を上回るダイオキシン類が検出されました。

4　基地返還　米軍に汚染除去義務なし（第4条　基地返還）

資料9　返還跡地における土壌汚染に係る除去費用

施設名	返還年月	除去費用（千円）	汚染物質と除去状況
キャンプ瑞慶覧メイ・モスカラー地区	1981年12月31日	84000	2002年1月にドラム缶に入ったタール状物質発見、県内処理場で除去
キャンプ桑江北側地区	2002年3月31日	680000	ヒ素、六価クロム等、県内処理場は逼迫（ひっぱく）しているため、県外処理場で除去
読谷《よみたん》補助飛行場	2006年12月31日	304000	鉛、フッ素、油分、県外処理場で除去。油分は現場で攪拌（かくはん）除去
瀬名波《せなは》通信施設	2006年9月30日	12000	鉛は県内処理場で除去。油分は現場で攪拌除去

明治学院大学の林公則准教授が入手した沖縄防衛局提供資料より作成

汚染された基地返還地の調査・修復のために、一事案につき国と自治体は数千万円以上の費用を負担しています（**資料9**）。16年時点で沖縄市サッカー場に国と自治体で9億4千万円超の費用を負担しています。

米軍普天間基地（沖縄県宜野湾市）も、「返還」が実現しても、ジェット燃料漏れや機体洗浄に伴う排水による土壌・地下水汚染の除去に膨大な費用と長期にわたる時間がかかることが予想されます。

ドラム缶が発掘されたサッカー場＝2014年7月、沖縄県沖縄市

環境団体「インフォームド・パブリック・プロジェクト」の河村雅美代表は、環境汚染が重い

基地負担の一つだとして、「基地が返還されるときにはすでに汚染が深刻になっています。平時での米国との情報交換や、基地内での調査が確実に実施できる体制が必要です」。

安倍政権は、日米地位協定を補足する形で15年9月に署名した「環境補足協定」に伴う「立ち入りの合意」を成果として誇ります。しかし実際は、日本側が現地視察、土壌や環水の採取を申請しても、米側は「妥当な考慮を払う」としているだけです。日本側の立ち入りは「米軍の運用を妨げない」場合のみで、すべて米側次第です。

実際、環境補足協定が署名された後の16年1月、米空軍嘉手納基地（沖縄県）周辺の北谷《ちゃたん》浄水場などから、高濃度残留性有機汚染物質PFOSが検出されたことが明らかになりました。沖縄県企業局は、基地内への立ち入り調査を沖縄防衛局に要請していますが、米側からの情報提供がなければ立ち入り申請できない仕組みとなっているため、いまだ実現していません。*

返還が合意された基地への現地調査のための立ち入りは「150労働日（約7カ月）」前とされ、沖縄県が求める「3年前」からほど遠いものです。

原状回復義務を

環境省は、米軍基地による汚染が生じた場合は、日米合同委員会とその下部機関の環境分科委員会を通じて「必要に応じて協議し対応している」としています。しかし議事録はすべて非公開です。

一方、ドイツではNATO（北大西洋条約機構）地位協定にともなうボン補足協定で、米軍基地や活動に対してドイツ環境法の適用を明記しています。また、基地返還の際に、ドイツは米軍が建設した施設を買い取ることを義務づけている一方、汚染除去費用は原則として米側が支払うことになっています。

横須賀市民法律事務所の呉東《ごとう》正彦弁護士は「ドイツやイタリアでも米軍基地による環境汚染が数多く発見されていますが、米軍は両国の国内法を順守しており、原状回復の義務があります」と話します。「日米地位協定に、米軍基地内への国・自治体の立ち入りを認めること、米側の原状回復義務を定めることで、初めて基地汚染は改善に向かうでしょう」。

＊２０２０年４月に普天間基地で発生したＰＦＯＳ、ＰＦＯＡを含む泡消火剤22万７１００㍑が流出した事故で、県と宜野湾市の立ち入り調査が認められ、排水路から目標値を大きく上回る高濃度の汚染が確認されました。

5　空港・港湾・道路利用が無料（第5条　空港・港湾の利用）

地位協定第5条のポイント
○米軍機・艦船は着陸料・入港料を課されないで日本の民間港湾・空港を利用できる。
○米軍機・艦船や米軍人・軍属・家族は基地に出入りし、基地間や日本の空港・港湾の間を移動できる。これに関する道路料金は免除される。

政府が代わりに負担

日米地位協定では、米軍の「移動の自由」を保障する目的から、日本の空港・港湾、さらに有料道路の利用料が免除されるという特権が与えられ、日本政府が代わりに負担しています。

防衛省によれば、米艦船やチャーター船の入港は２０１８年度で90日間に達し、日本の負担は約２５３万円にのぼります（**資料10**）。

国土交通省によると、米軍機の17年の空港使用は全国で３２４回に達しています。同省は日本の負担額を明かしませんでしたが、たとえば防衛省の名古屋空港における「平成24年（２０１２年）行政事業レビューシート」では、Ｃ１３０輸送機が着陸1回当たり10万３６５０円、Ｆ15戦

資料10　米軍艦船による民間港湾使用料の負担額

年度	使用日数	金額（万円）
2014	85	665.1
2015	41	384.0
2016	48	259.7
2017	25	192.2
2018	90	252.7

防衛省資料を基に作成
計数は四捨五入

小樽港に入港した米イージス艦マスティン＝2015年2月5日（米海軍ウェブサイトから）

闘機9万6330円などとなっています。日本政府の負担は相当な額に達することは明白です。

5条3項では、米艦船が入港する際は「適当な通告をしなければならない」と規定していますが、地位協定の合意議事録では「合衆国軍隊の安全のため」などの「例外的な場合」に通告義務が免除されることも明記。米軍の運用次第でいかようにも判断できることになっています。

一方、民間空港の出入に関しては自治体へ使用許可を求める義務はありません。そのため、自治体に通告があっても、使用直前に米軍から一方的に伝えられるというのが通例で、事前連絡すらないこともあります。

高速道路など有料道路の利用は米軍人だけでなく、軍属・家族も含めて無料です。年間7、8億円もの金額を日本政府が負担しています（**資料11**）。

資料11　在日米軍車両の高速道路利用料の負担額

年度	金額（億円）
2011	6.6
2012	7.8
2013	7.1
2014	7.2
2015	7.3
2016	7.3
2017	7.4
2018	7.0

防衛省資料を基に作成
数字は四捨五入

低空飛行　根拠なく容認

5条2項は、米軍機や船舶、車両などが「合衆国軍隊が使用している施設及び区域に出入し、これらのものの間を移動し、及びこれらのものと日本国の港又は飛行場との間を移動することができる」と規定。米軍が使用している施設や区域だけでなく、日本の飛行場や港を移動できる旨も記載しています。

日本政府はこの5条2項を根拠に、「移動」と称して提供区域外での米軍機の飛行訓練を容認しています。しかし、日本の上空に米軍が勝手にルートを設定している低空飛行訓練は「移動」とはいえず、政府も「5条2項に基づく」とは言えません。

一方、5条に関する低空飛行訓練についての日米合意（1999年）では、低空飛行訓練は「日米安全保障条約の目的を支える」として正当化しています。つまり、「安保の目的」にかなっていれば、地位協定上の明確な根拠を示すことができなくても容認するという考えです。

日米合意は、米軍は低空飛行訓練で日本の航空法で規定される「最低高度基準」――①人口密集地の最も高い障害物上空から300メートル②人家のない地域や水面上空から150メートル――を用いているとしています。ところが、日米地位協定に基づく航空法特例法により「最低安全高度」を定めた航空法81条が米軍には適用されません。

2018年4月には、米軍三沢基地（青森県）所属のF16戦闘機が岩手県内で風力発電用の風車より低い地点を飛行する動画がインターネット上に投稿され、米軍司令官も事実関係を認めました。しかし、日本側は捜査することも罰することもできません。一方、ドイツでは、米軍機の野外訓練に原則として国内法を適用しています。

訓練が住民に与える影響は深刻です。島根県の浜田市では17年に１００件を超える騒音が確認されました。18年は７月末時点で57件、夜間の騒音は12日間、16件も確認され、会話の声やテレビの音も聞こえないほどの騒音も５件確認されています。「校庭で体育をしていた児童が耳をふさいで空を見上げ、授業が中断した」「心臓が止まるかと思った」などといった苦情が寄せられています。

民間空港・港湾の利用常態化

米軍機　福岡で最多、緊急着陸も

２０１７年に米軍機が日本全国の民間空港に着陸した回数が３２４回にのぼり、滑走路１本の空港としては航空機の発着回数が全国トップの福岡空港で最多の94回に上ることが、国土交通省の資料で分かりました。米軍は日米地位協定第５条で民間空港・港湾の利用を認められており、しかも着陸料や入港料が免除されています。こうした下で、全国の空港・港湾で米軍の利用が常態化しています。

全面返還求める

福岡空港はかつて米軍板付基地として朝鮮戦争の出撃拠点となっていましたが、住民のたたかいで１９７０年に返還が実現しました。しかし、空港内には地位協定第2条1項に基づく米軍専用区域が残っています。国土交通省福岡空港管理事務所は、基地内部について「空港の管理からは外れているので、まったく把握していない」と言います。

県や市、市議会などで構成する板付基地返還促進協議会は、福岡空港の軍事利用反対などを掲げ、基地の全面返還を求めています。市は「民間、国際空港としても利用の需要が高まっている。返還を引き続き訴えていきたい」との立場です。

定期便運航に支障

福岡以外の空港も米軍の利用が目立ちます（**資料12**）。地位協定5条1項に基づく52年の日米合同委員会合意では、米軍による民間空港の利用は「緊急の場合」に限られています。しかし、一部の空港では米軍機の利用が常態化しています。

また、九州や沖縄では普天間基地（沖縄県宜野湾市）所属機などの緊急着陸が多発。定期便の運航に重大な支障をきたしています。２０１８年9月には、同基地所属のＵＨ1多用途ヘリが沖縄県久米島空港に事前連絡なく緊急着陸。到着便の一部に遅れがでました。

資料12　米軍機の利用が目立つ民間空港

空港名＼年	2012	13	14	15	16	17
福岡	69	50	59	59	66	94
長崎	104	48	42	33	28	48
奄美	34	1	46	62	36	37
種子島	2	0	12	38	2	7
名古屋	20	5	13	24	39	37
大阪	37	5	11	38	4	3
仙台	32	16	29	13	15	20

着陸回数。国土交通省資料を基に作成

6　民間機安全運航の妨げに（第6条　航空管制）

地位協定第6条のポイント

○米軍の航空管制について日米両政府間のとり決め（「航空交通管制に関する合意」）で、米軍が基地とその周辺で管制業務を行うことを認めている。

首都の空　航空管制返還されず　米軍に握られたまま

国内線の発着回数が1日約1000回にのぼる東京・羽田空港に西から進入する航空機は、東海沖から房総半島を経由してから旋回して着陸しています。離陸も急上昇して東京湾で高度を確保してから西向きに飛行します。

こうした、遠回りで時間も燃料費もかかる非効率的な飛行を強いられているのは、米軍横田基地（東京都福生市など多摩地域）が航空機の管制業務をおこなう空域が存在しているからです。「横田進入管制空域（横田ラプコン）」と呼ばれ、北は新潟県から南は静岡県まで1都9県に及びます。高度は約2440メートルから約7000メートルまで階段状に6段階の高度が設定されています（**資料13**）。民間機は米軍の許可がなければこの中を飛ぶことはできません。

資料13　**横田進入管制空域**（横田ラプコン）

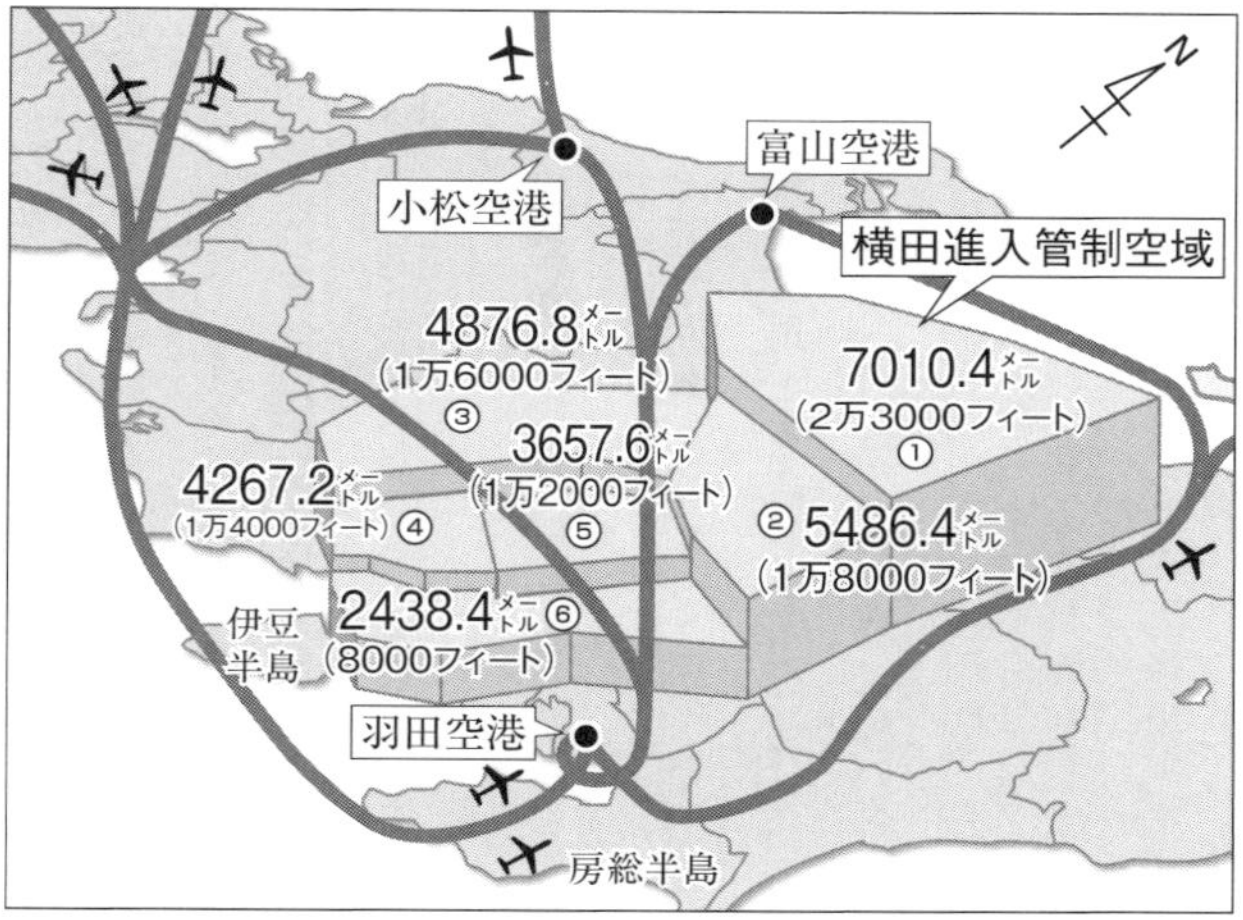

羽田空港を離陸する日本航空機

法的根拠なし

日米地位協定第6条1項は、軍用機と民間機の航空管制の調整について「両政府の当局間の取極によって定める」と規定。その「取極」が日米合同委員会の「航空交通管制に関する合意」（1975年）で、「日本政府は、米国政府が地位協定に基づきその使用を認められている飛行場およびその周辺において引続き管制業務を行うことを認める」としているのです。

米軍は戦後の日本占領時代、日本の航空交通管制を一元的に実施してきました。59年の日米合同委員会で航空管制業務が日本に移管されましたが、米軍基地の「飛行場管制業務」と周辺の「進入管制業務」は除かれました。米軍による航空管制が維持され、75年の合意に至っています。

航空管制業務を米軍に認める法的根拠はありません。外務省の機密文書「日米地位協定の考え方」は、「協定第六条1項第一文及び同第二文を受けた合同委員会の合意のみしかなく、航空法上積極的な根拠規定はない」と明記しています。

「そこに壁が」

「そこには壁があるんです」。航空自衛隊パイロットを経て全日空で機長を務めた奥西眞澄さん(78)は「横田空域」をこうたとえます。自衛隊機は軍同士のチャンネルに切り替えて支障なく通過できた空域でしたが、民間に移ったとたん〝空の壁〟にぶつかりました。「絶対に通ったらダメとか、邪魔になるからといわれ、避けて飛ぶしかない」。

日米両政府は2006年5月の在日米軍再編ロードマップで「横田空域全体のあり得べき返還に必要な条件を検討する」ことを盛りこみました。しかし、全面返還に向けた動きは全く見られません。

民間機安全運航の妨げに　支配される日本の空
事実上の軍事占領

米軍岩国基地（山口県岩国市）の周辺にも、米海兵隊が管制業務をする「岩国進入管制空域

（岩国ラプコン）」があります（**資料14**）。四国上空から日本海上空まで、山口、愛媛、広島、島根4県にまたがっています。松山空港（愛媛県）への発着は米軍の許可がなければできません。

沖縄の空も同様です。かつて「嘉手納進入管制空域（嘉手納ラプコン）」がありました。嘉手納基地から半径93キロ、高さ6000メートルの空域と、久米島から半径56キロ、高さ1500メートルの空域を飛行する航空機に対し、米軍が進入管制業務を実施。那覇空港の北向き離着陸コースは、嘉手納、普天間の両米軍基地への航路と斜めに交差するため、進入・出発とも、わずか高度300メートルという海面すれすれの低空飛行を強いられていました。

資料14　岩国進入管制空域（岩国ラプコン）

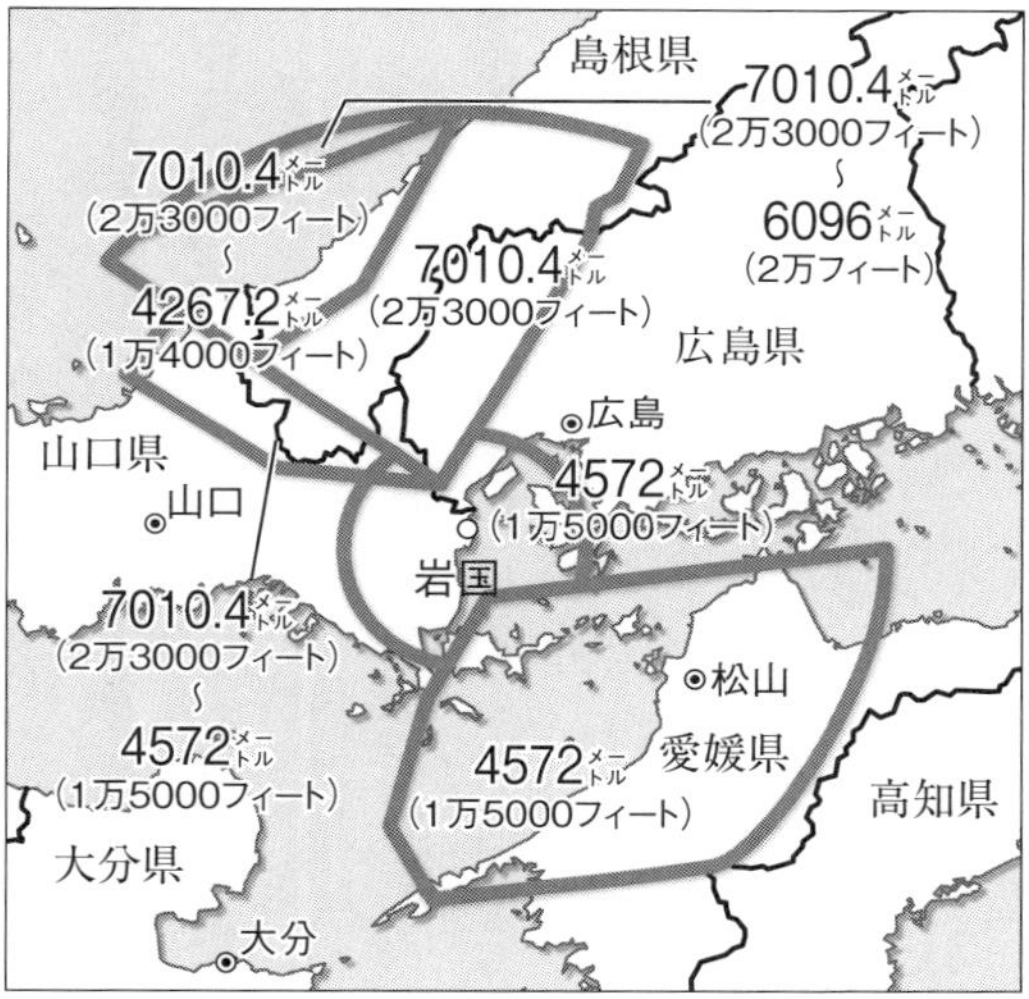

嘉手納ラプコンは2010年3月に日本に返還されました。しかし、米軍は新たな空域を設定。沖縄県は県議会で、「米軍機が嘉手納飛行場及び普天間飛行場に優先的に着陸するために、アライバル・セクターと言われる着陸空域が新たに設定されており、那覇空港に離着陸する民間機の飛行高度が制限される管制業務上の措置が行われている」（18年2月26日、謝花喜一郎知事公室長）と答弁し、今なお米軍機優先の実態が存在していることを認めました。

加えて、「アルトラブ（ＡＬＴＲＶ）」と呼ばれる臨時訓練空域の設定が常態化。「アルトラブ」には「移動型」と「固定型」がありますが、米空軍嘉手納基地の第18航空団が作成した「空域計画と作戦」（16年12月28日付）によれば、沖縄周辺の「固定型アルトラブ」は、既存空域の１・６倍に及びます。「アルトラブ」は航空路図に示されていないため、民間機はこの存在を知らされておらず、運航の重大な妨げになっています。*

奥西さんは「アメリカに日本の空が支配され、民間機の運航の安全が妨げられている現状を変えなければならない」といいます。

＊これに関して、日本共産党の穀田恵二議員は、19年２月22日の衆院予算委員会で、飛行計画や交信記録、アルトラブの設定など、米軍機の運用全般について「いずれの政府も双方の合意なしには公表しない」とした１９７５年４月30日付の日米合同委員会覚書を暴露。外務省、国土交通省は覚書の存在を認めました。日米両政府による米軍情報の隠ぺい密約です。

独は米軍機も管制

「横田空域」では、横田基地や米海軍厚木基地（神奈川県綾瀬、大和両市）を拠点にした米軍機が爆音被害と墜落事故の危険をもたらしています。

第２次新横田基地公害訴訟原告団の大野芳一団長は、横田基地に配備された米空軍特殊作戦機ＣＶ22オスプレイについて「家につっこんでくるかのような飛び方をしている」との住民の声を話します。他の米軍機も「低空飛行や夜間飛行が激烈になっている。病院や学校の上空は飛ばないという日米合意が無視されている」と憤る大野さん。「日本の独立性が疑われる。住民の安心安全が守られるよう米軍機の飛行を監視する体制を確立してほしい」と訴えます。

ドイツでは地位協定の改正で空の主権を確立しています。沖縄県の「他国地位協定調査中間報告書」は「米軍機もドイツ航空法の規定に基づきドイツ航空管制（ＤＦＳ）が管制を行っている」「米軍の飛行もドイツ航空管制が原則としてコントロールし、空域での訓練はドイツ航空管制の事前許可が必要である」としています。

民家上空を飛行するCV22オスプレイ＝2018年10月13日、東京都昭島市（第２次新横田基地公害訴訟原告団　奥村博事務局長撮影）

航空労組連絡会は、軍事空域の削減や、国内の全空域における航空管制を航空局の管制官で行うことなどを提言。航空労働者らでつくる航空安全推進連絡会議は「米軍・自衛隊の進入管制区などの返還・削減の実現。とりわけ横田および岩国空域については管制業務の航空局への返還を早急に行わせること」を要請しています。

7　米軍はパスポート不要（第9条　出入国）

地位協定第9条のポイント

○米軍人は旅券・査証なしで入国できる。米軍人・軍属・家族は外国人登録・管理の対象外となる。

○米軍人は日本への出入国にあたり、身分証明書・旅行命令書を携帯する。

居住人数不明　自治体も困惑

外国に行くとき、旅券（パスポート）や査証（ビザ）を提示し、出入国を許可するための審査や検疫などが義務付けられます。日本に入国した外国人は在留資格に基づき、一定の期間、特定の活動ができます。

ところが日米地位協定9条では、米兵は旅券法の適用が除外されています。軍属や家族は旅券の携帯が義務付けられていますが、出入国管理法などの適用が除外されています。

いつ、どこに、どれだけの米軍構成員が滞在しているのか、日本政府が把握できない状態となっており、彼らが犯罪の被疑者となっても、知らないうちに帰国してしまうリスクがあります。

14年以降非公表

米軍は従来、基地を抱える自治体に対して、居住する米兵・軍属・家族の人数を情報提供していました。また、２００８年に沖縄県北谷町で基地外に居住していた米海兵隊員が少女暴行事件を起こしたことを受け、基地外に居住する米軍構成員の市町村ごとの人数を通知していました。

しかし、14年以降、「世界規模の米軍に対する脅威」を口実に、人数が非公表となりました。沖縄県は「毎年、情報提供を要請している」（基地対策課）ものの、米側は応じていません。

こうした中、米軍は基地外への民間賃貸住宅の大規模な借り上げを推進。基地外居住の米兵が激増し、登録していない外国人が地域社会に大量に存在する状況になっています。

在日米海軍司令部は03年、「賃貸住宅提携プログラム」（ＲＰＰ）を創設。神奈川県横須賀市内に３００戸以上の米軍向け賃貸住宅群が出現しました。目の前に小学校があり、保護者に不安が広がりました。

さらに大規模な米軍住宅群が存在するのが沖縄県北谷町です。13年度に町の調査で８５６棟・２９２９戸の米軍向け住

米兵向けの民間賃貸住宅＝沖縄県北谷町

宅を確認しました。米兵らが深夜まで騒ぎ、けんかなどのトラブルも多発しています。

検疫で国内法を

検疫は出入国管理の重要な柱です。１９９６年12月の日米合同委員会は、人と動植物の検疫手続きを適用することで合意しましたが、地位協定９条には検疫についての規定がありません。検疫を実施するかどうかは米側しだいです。

在日米軍基地は地球規模で展開する米軍の補給拠点になっており、さまざまな物資が流入しています。岩国基地（山口県岩国市）で毒グモが発見された事例もあります。沖縄県は検疫に関する国内法の適用を求めています。

＊２０２０年の新型コロナウィルス感染爆発をめぐり、米軍が日本の出入国管理を免除され、在日米軍基地から自由に出入りが可能となっていることや、日本の当局に米軍関係者への検疫を行う権限がなく、米軍任せであることが大きな問題になり、地位協定改定の必要性がいっそう高まっています。

8　米軍関係者の車 免停なし　自動車税も格安
（第10～13条　税金免除など）

沖縄　年間7億円近く税収減

交通違反をしても、免許の停止や取り消し処分を受けない。税金を納める義務も免除される——。そうした米軍関係者の私有車を示す「Yナンバー車」は全国で約5万5000台（2018年10月末時点、国土交通省調べ）にのぼります。

地位協定10条1項は、米国が軍人、軍属、その家族に対して発給した運転免許証を「運転者試験又は手数料を課さないで、有効なものとして承認する」と規定。米軍人、軍属とその家族に至るまで、日本の運転免許証がなくても日本での運転が認められています。

政府は09年、糸数慶子参院議員（無所属・当時）に対し、米軍人らは協定10条を根拠として、運転免許取り消し・停止といった「行政処分の対象とされていない」とす

米軍横田基地のゲートに入る「Yナンバー車」＝東京都羽村市

資料15　自動車税の比較

自動車の種類	排気量の区分	米軍人・軍属・家族の私有車両	日本の民間車両
普通自動車	4.5リットル超	２万2000円	8万8000円以上
	4.5リットル以下	１万9000円	7万6500円以上
軽自動車	四輪	3000円	1万800円以上
	原動機付き自転車	500円	2000円

総務省への取材を基に作成

る答弁書を閣議決定。交通違反を行った場合でも、日本側が米国発給の運転免許証を取り消し、停止できないという見解です。

一方、ドイツでは、１９９３年に改定された北大西洋条約機構（ＮＡＴＯ）地位協定の補足協定（ボン協定）の第９条で「運転に対する信頼性や適性について、根拠のある疑いがある場合は免許を取り消す」とし、「運転免許の取り消しに関するドイツ刑法の規定が適用される」と明記しています。

日本ではさらに、自動車税が著しく低い税率となっています（**資料15**）。２０１６年の沖縄県議会では、日本共産党の瀬長美佐雄県議の質問によって、米軍人の私有車への課税額が３億２０７万円（16年度）で、仮に標準税率で課税した場合は９億９１７９万円となり、沖縄県だけで年間６億８９７２万円の税収減になることが明らかになりました。県は、日本の民間車両への税額と同じ税率で課税するよう地位協定の改定を求めています。

米軍非課税あれもこれも

日米地位協定による米軍への税金免除はさらに多岐にわたります。11〜13条の概要をみると――。

11条　米軍人、軍属とその家族の引っ越し荷物と携行品や、米軍の公認調達機関が米軍の公用に使用するため輸入する物品などへの課税が免除。米国軍事郵便局を通じて日本に郵送される衣類や家庭用品も非課税です。

11条5項　米軍部隊、軍事貨物や公用郵便物は税関検査の必要がないと明記。武器や薬物などの密輸入につながる恐れがありますが、日本側は関与できません。

12条3項　米軍や米軍の公認調達機関が日本国内で調達する物品、役務について、物品税、通行税、電気ガス税（以上三つは１９８９年の消費税導入で消費税に集約）、揮発油税を免除しています。

13条1項　印紙税、不動産取得税、固定資産税などの免除が認められています。政府は米軍への非課税措置を穴埋めするための調整交付金を基地所在地の市町村に交付しています。２０１７年度は双方合わせて約３５５億円の交付でしたが、市町村が米軍基地へ立ち入ることができないため、米軍資産を確認することができません。全国市議会議長会基地協議会は、国に対し算定根拠を明らかにするよう求めています。

規定を拡大解釈　ＮＨＫ受信料払わず

米軍はこうした税金免除の規定を拡大解釈して、ＮＨＫの放送受信料も払っていません。政府は14年に社民党の照屋《てるや》寛徳《かんとく》衆院議員の質問主意書に、「放送受信料契約を締結して放送受信料を支払う義務があることを説明する等してきているが、合衆国側は、その見解を変えるには至っていない」と回答しています。

在日米軍司令部は本紙の取材に「受信料は一種の税金だと考えている。日米地位協定で米軍関係者は日本の税金を支払う義務を免除されているので、受信料を支払う必要はない」と回答しました。

NHKは、受信料不払い額の累計などについて「米軍が基地内への立ち入りを認めていないため、把握できていない」としています。07年の時点で未払いが推計30億円に上るとする報道（琉球新報07年2月21日付）もあります。

9　あいまいな「軍属」の範囲（第1、14条　軍属、特殊契約者）

地位協定第1条、第14条のポイント

○軍属の定義があいまいで、米軍と契約する企業の被用者にまで軍属として地位協定上の特権を与えている。

米軍属に殺害された女性の遺体が発見された現場で、女性の死を悼む人たち＝沖縄県恩納村安富祖（おんなそんあふそ）

米軍が恣意的に運用

２０１６年４月に沖縄県うるま市で発生した元米海兵隊員（当時軍属）による女性暴行殺人事件で、県民に激しい怒りが広がり、米軍人・軍属に特権を与える日米地位協定の抜本改定を求める声が高まりました。加害者の男は本来、軍属に該当しないのに軍属の地位を得ていたことから、日米両政府は軍属の範囲を「明確化」する補足協定を17年1月に締結しました。しかし、問題は何ら解決されていません。

日米地位協定第1条は軍属について、米国籍の文民で在日米軍に「雇用され、これに勤務し、又はこれに随伴するもの」と定義しています。米軍に雇用されていなくても、勤務したり、随伴したりする者でも軍属とされるなど幅広い解釈が可能です。米軍が監督責任を負う雇用関係になくても、米軍と契約する企業（コントラクター）の被用者さえ軍属に含めています。

NATO（北大西洋条約機構）軍地位協定では、軍属を「締約国の軍隊に随伴する文民であり、その締約国の軍隊に雇用されている者」と明確に定義しています。

特権ないはずが

この点について、外務省の機密文書「日米地位協定の考え方増補版」は、「ナト（編集部注：NATO）地位協定では、軍属は、締約国の軍隊に随伴する文民であってかつその締約国の軍隊に雇用されているものでなければならない旨規定されているので、日米地位協定の場合より相当狭くなっている」と認めています。

一方、地位協定第14条では「特殊契約者」の規定を設け、米軍の業務のため米政府と契約している民間業者を軍属と区別しています。軍属であれば、「公務中」に犯罪を犯しても、米側が第1次裁判権を握るなどの特権が与えられますが、14条の該当者にはこの特権はなく、基本的には「日本国の法令に服」すことが明記されています。

うるま市の事件の元海兵隊員は当時、米空軍嘉手納基地内でインターネット関連会社の社員として勤務しており、14条に該当するはずでした。しかし、軍属の地位を与えられていました。

空疎な補足協定

補足協定では、こうした問題を解決し、軍属の範囲を「明確化」するとされています。

補足協定に基づく日米合同委員会合意では、軍属として認定される種別として、米政府予算で雇用される文民、合同委員会によって特に認められる者など8項目を列挙しました。ただ、今回問題になったコントラクターの被用者については、日米両政府が適格性の評価基準の作成を合同委員会に指示するものの、評価自体は米側が行います。つまり、米側しだいなのです。

外務省によると、日本にいる軍属の数は18年10月末時点で１１８５７人、うちコントラクターの被用者は２２２４人。16年末時点では軍属が約７３００人、コントラクターの被用者は約２３００人でした（**資料16**）。軍属の総数はむしろ増えており、実際に軍属の範囲が「明確化」されたのかは全く不明です。

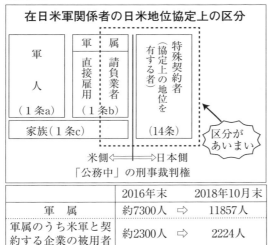

うるま市の事件では米側が、元海兵隊

資料16

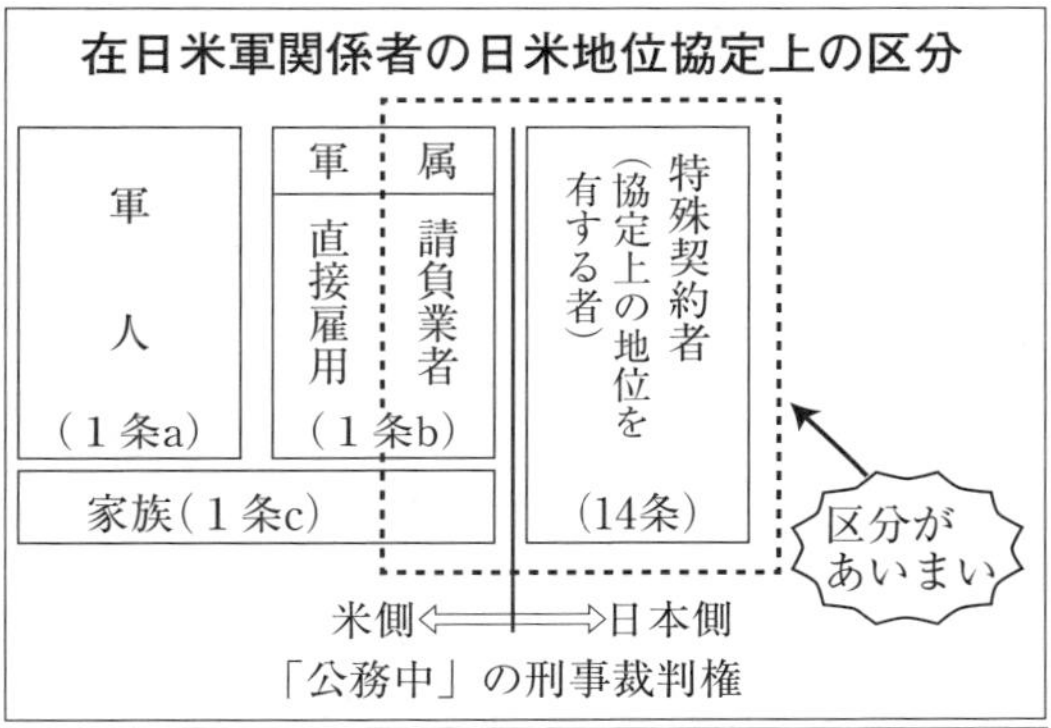

	2016年末		2018年10月末
軍　属	約7300人	⇨	11857人
軍属のうち米軍と契約する企業の被用者	約2300人	⇨	2224人

補足協定締結後、米軍と契約する企業の被用者で軍属から除外された者はいない

員は軍が直接雇用していないとして、地位協定に基づく補償金の支払いを拒否しました（のちに見舞金として日米政府が支払い）。米軍に雇用されていないこうした民間企業の軍属について地位協定上の保護を受ける一方、米側が補償金の支払いに応じないという矛盾も解消されていません。

沖縄県は、当初から補足協定について「事件事故の減少に直接つながるか明らかではなく、日米地位協定を抜本的に見直す必要がある」（翁長雄志《おながたけし》前知事）としています。

10　米兵犯罪　裁けぬ日本（第17条　刑事裁判権［上］）

地位協定第17条のポイント

○米軍関係者の「公務中」の犯罪は米軍が、「公務外」は日本側が第1次裁判権を持つ。

○日本側が裁判権をもつ場合でも被疑者の身柄が米側にあるときは、日本が起訴するまで米側が身柄を拘束。

裁判権　ほとんど放棄

米兵や軍属、家族に国内法を上回る特権を与える日米地位協定の中でも、特権中の特権と言えるのが刑事裁判権に関する第17条です。

17条3項では、米軍の犯罪が「公務中」の場合、米側が第1次裁判権を持ち、身柄も米側に引き渡されます。「公務外」で行われた場合、日本側に第1次裁判権があるとしていますが、同条5項Cでは、米兵の身柄を米側が確保した場合、日本に裁判権があっても日本側が起訴するまで米側が拘禁を続ける規定があります。

特権が今も続く

過去には米兵らが凶悪犯罪や交通事故を引き起こした後、基地内に逃げ込む事例が相次ぎました。いったん基地内に逃げ込めば、日本側が立ち入って捜査や逮捕ができません。

ＮＡＴＯ（北大西洋条約機構）軍地位協定では、米軍基地内での警察権の行使が認められていますが、日米地位協定では認められていません。

この点について外務省は、日本の身柄引き渡し要請に米国が「好意的な考慮を払う」とした１９９５年の日米合同委員会合意で「運用改善」が図られ、米国の他の同盟国と比べても「いちばん有利」だとしています。しかし、あくまで引き渡しは米軍の判断しだい。実際、日米合意に基づく身柄引き渡し要請６件のうち１件は拒否されています。

重大なのは、日本側が第１次裁判権を持つ「公務外」の犯罪のうち、８割超が不起訴処分（起訴率17・2％）になっていることです。全国での一般刑法犯の起訴率38・2％（２０１６年）と比較して半分以下です。日本平和委員会が情報公開請求で入手した法務省資料によれば、17年の米軍関係者による犯罪の処分状況（**資料17**）は、住居侵入、強制わいせつ、強制性交、暴行、毀棄《きき》隠匿などは、いずれも起訴率が０％、窃盗は起訴2件に対し不起訴30件でした。また、自動車による過失致死傷は起訴24件に対し不起訴１４５件となっています。

こうした実態の背景にあるのが、１９５３年10月28日の日米合同委員会裁判権小委員会で結ばれた「日本国にとって著しく重要」な事件以外は日本側の第１次裁判権の大部分を放棄するとした「密約」（**資料18**）です。これにより、「いちばん有利」どころか「公務中」「公務外」を問わず米軍関係者の犯罪や事故を日本側がほとんどまともに裁くことができず、占領統治時代の特権が今も続いています。ドイツでは、「密約」ではなく、ボン補足協定に手続きが明示されています（**資料19**）。

〝私の被害　重要でないのか〟別の被害者生む

こうした二重三重の裁判権放棄の枠組みの犠牲になったのが２００２年に神奈川県横須賀市で

資料17　2017年米軍関係者による刑法犯の処分状況

罪名	起訴	不起訴	起訴率（%）
住居侵入	0	8	0
強制わいせつ	0	4	0
強制性交	0	3	0
傷害	5	14	26.3
暴行	0	2	0
窃盗	2	30	6.3
毀棄隠匿	0	5	0
その他	8	6	57.1
合計	15	72	17.2
自動車による過失致死傷	24	145	14.2

日本平和委員会が入手した法務省資料を基に作成

資料18　裁判権に関する日米「密約」

1953年10月28日の日米合同委員会で結ばれた「密約」の抜粋は以下の通り。

「日本の当局は通常、合衆国軍隊の構成員、軍属、あるいは米軍法に服するそれらの家族に対し、日本にとって著しく重要と考えられる事件以外については第１次裁判権を行使するつもりがないと述べることができる」

国際問題研究者の新原昭治氏が米国立公文書館で発見し、2008年10月に公表。外務省も11年８月に同一の文書を公表しました。

米兵から性的暴行を受けたキャサリン・ジェーン・フィッシャーさんです。

横浜地検は同年7月、理由の説明もなくこの米兵を最終的に不起訴としました。キャサリンさんは「わたしが受けた被害は、日本政府にとっては『重要でない』ということでしょうか。協定と密約で犯罪者が守られ、被害者がさらなる苦痛を受けるのはおかしい」と憤ります。

その後、弁護士の支援を受け、東京地裁に民事裁判を起こしましたが、犯人は審理中に軍の命令で帰国。04年11月、東京地裁はキャサリンさんの訴えをほぼ全面的に認め、被告に慰謝料など

資料19　ドイツでは…

ドイツのボン補足協定第19条にも、米国の要請に基づいて自国が有する第1次裁判権を放棄する規定がありますが、①ドイツ当局は要請を拒否することができる②米側と見解が一致しない場合、外交分野で解決する——といった手続きが定められています。国民の目に触れない「密約」の形で、一方的に裁判権放棄を約束した日本とは全く異なります。

外務省に要請するキャサリン・ジェーン・フィッシャーさん（右）と赤嶺議員（中央）＝2016年5月24日

３００万円の賠償を命じました。しかし、犯人の所在がわからず、賠償金は支払われないままとなり、日本政府が判決と同額の見舞金を払いました。

キャサリンさんは、自力で加害者の居場所をつきとめ、米国の裁判所に東京地裁判決の履行を求めて提訴し、13年10月15日、勝訴の判決を得ました。「身柄も確保できず、正当な裁きもできずに犯罪者の出国を許せば、また別の被害者を生むかもしれない。在日米軍の犯罪を、日本の法律で裁けるように協定を改定することが絶対に必要です」と訴えます。「戦後73年間で、どれだけの被害者がでたか。言葉だけの『改善』はもういらない。日本政府はわたしのような被害者を二度と出さないために、本気で密約をなくし、地位協定を変える必要があるのです」

沖縄県は、日本側から被疑者の起訴前の拘禁の移行の要請があれば、速やかに犯人の身柄を引き渡す旨を協定に明記するよう求めています。

11　日本の承認なく私有地封鎖（第17条　刑事裁判権［下］）

地位協定第17条10項のポイント
○米軍は基地内で必要な警察権を行使する。
○基地外でも、「日本国の当局との取極に従う」ことを条件とし、「必要な範囲内」で権限を行使できる。

ある日突然、所有地に米軍機が不時着・炎上。すると、即座に米軍が押し入って現場を封鎖してしまい、誰も中に立ち入ることができない――。2017年10月11日、沖縄県東村高江で農業を営む西銘《にしめ》晃さんの牧草地に米軍CH53Eヘリが不時着・炎上した時の出来事です。なぜ、こんなことが許されるのか。

基地内外に権限　米軍の「財産保護」最優先

米軍の犯罪や事故に関する刑事裁判権を定めた日米地位協定17条10項aにより、米軍は基地内で警察権を有し、日本側は米側の許可なしに捜索や差し押さえができません。加えて、基地の外でも米軍の軍事警察が権限を行使できる枠組みがあります（同10項b）。

04年8月、沖縄国際大（宜野湾市）に米軍ヘリが墜落・炎上。隣接する普天間基地から米軍が急行し、あっという間に現場を封鎖しました。学生や教員はおろか日本の警察・消防も米軍の許可なしに立ち入ることができませんでした。

当時、こうした行為の法的根拠をめぐって混乱が起こったことから、05年4月、日米合同委員会で地位協定17条に基づき、基地外での米軍機事故に関する「ガイドライン」を作成。①米軍機が基地外に墜落した場合、日本政府から「事前の承認を受ける暇がないとき」には、米軍は「合衆国財産を保護」するために現場に立ち入ることができる②日本政府と米軍当局は、許可のない

炎上するCH53Eヘリ＝2017年10月11日夕、沖縄県東村高江（西銘晃さん提供）

炎上した米軍のCH53E大型ヘリのまわりで作業する米軍関係者＝2017年10月15日、沖縄県東村高江

者が事故現場に立ち入ることを制限するため、共同して必要な規制を行う――などとしました。米軍機が墜落すれば当然、現場で日本の公有・私有財産が重大な被害を受けています。ところが米国の「財産保護」が優先されるという不当なものです。*

西銘さんの牧草地では、米軍が事故機の残骸とともに深さ数十センチまで土壌を掘り起こし、そっくり持ち去りました。牛たちのため、長い時間をかけて作り上げてきた土壌です。西銘さんは「沖縄防衛局は、持ち出した土壌の検査結果、保管場所、方法についても米軍から報告がないと言っている」と憤ります。「農場は10日間、運用停止状態だった。米軍と防衛局との交渉内容も、地域住民が真っ先に求めた事故原因についても、いまだに説明はありません」。

＊米軍の財産保護については、日米地位協定23条でも、米軍の「財産の安全を確保する」ためとして、日本側に立法措置を求めています。

指針訳で改ざん

しかも、この「ガイドライン」には二重基準が存在しています。法務省刑事局が１９７２年3月に作成した「合衆国軍隊構成員等に対する刑事裁判権関係実務資料」というマル秘資料には、基地外で米軍機の事故が発生した場合、米軍は日本政府から「事前の承認をうることなくして」日本の私・公有地に立ち入ることができると明記（59年7月14日付通達）。同資料に添付された日米合同委員会刑事裁判管轄権分科委員会の合意事項にも同様の趣旨が記されています。

前出の「ガイドライン」の正文である英文にも「事前の承認なくして」(without prior authority)

と明記。外務省はこれを「事前の承認を受ける暇がないとき」と訳し、改ざんしたのです。

内側は米が規制

また、「ガイドライン」によれば、事故現場では機体近くの「内周規制線」、見物人を遠ざけるための「外周規制線」を二重に張り、外周は日本側が、内周は日米共同で規制することとなっています（**資料20**）。しかし、２０１６年12月の沖縄県名護市でのオスプレイ墜落、そして東村高江のヘリ墜落事故は、いずれも米軍が排他的に規制しました。

西銘さんも、事故機周辺に張られた規制線内には「ヘリの残骸すべてが撤去されるまで約10日間、日本側の立ち入りは禁止されていた」と証言します。実際、沖縄県が土壌調査のため事故機が炎上した地点への立ち入りを認められたのは、事故から9日たった17年10月20日でした。この時点では、すでに米軍が機体の残骸と深さ数十センチの土壌を持ち

資料20　米軍機事故時の現場統制

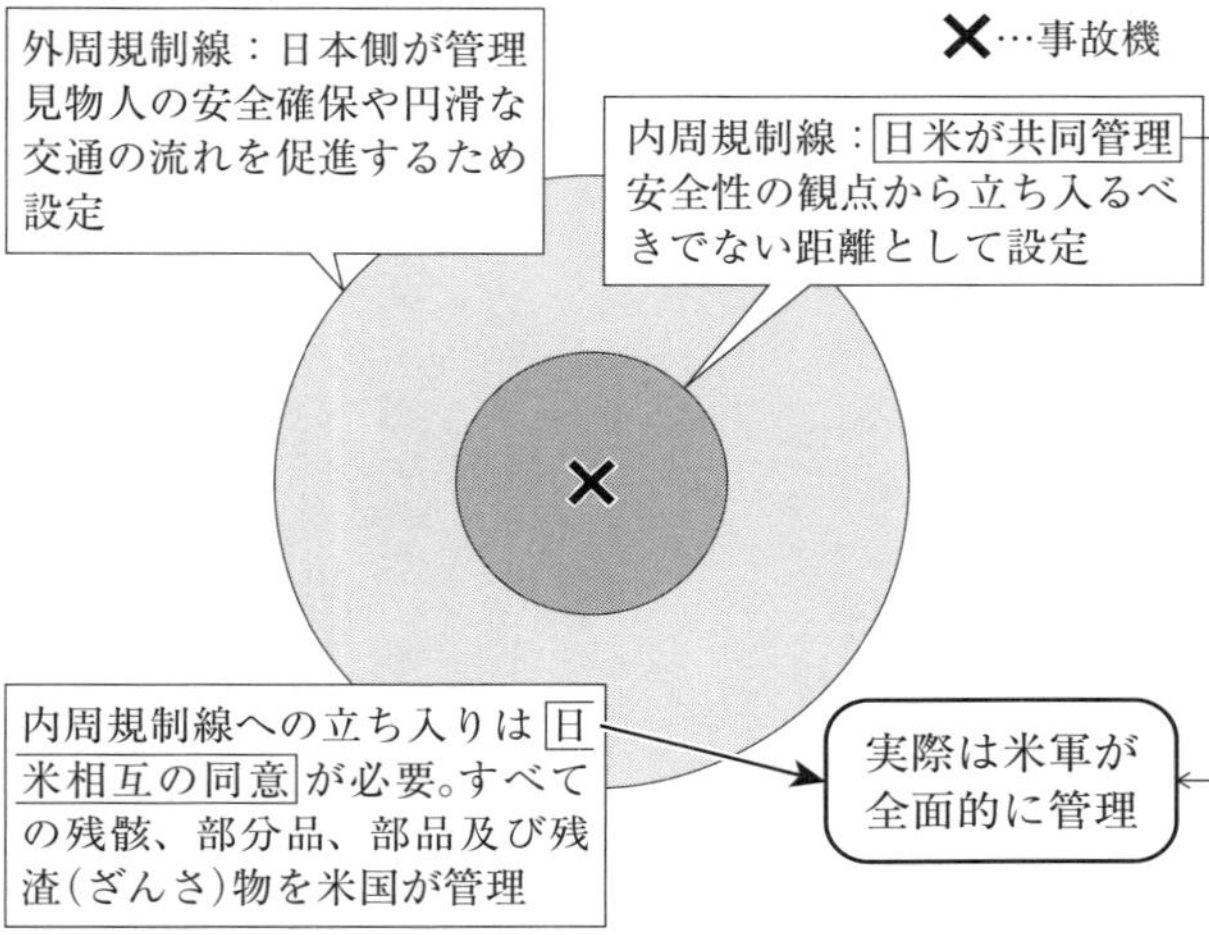

米軍機事故に関するガイドラインより作成

去っていました。

西銘さんは「地位協定が行政、特に警察の捜査に大きな障害になると今回初めて知った」と言います。

沖縄県や、基地を抱える都道府県で構成される渉外知事会は、▽基地の外における米軍財産について、日本国の当局が捜索、差し押さえ又は検証を行う権利を行使する▽基地の外における事故現場等の必要な統制は、日本国の当局の主導の下に行われる——よう要請しています。

12　賠償金支払い　拒む米軍（第18条　民事請求権）

地位協定第18条のポイント

○米軍関係者による「公務中」の事件・事故に伴う損害賠償額は、日本側が25％負担し、米側が75％負担する。

○「公務外」の場合、米側が慰謝料を支払うが、支払いの有無は米側が決定する。

爆音訴訟の250億円　踏み倒しか

米軍機の爆音被害に対して住民が起こした訴訟で確定した賠償金のうち、米側が負担すべき金額約250億円が支払われていない可能性があります。

防衛省によれば、これまでに在日米軍基地や日米共同使用基地の騒音訴訟で確定した賠償金の総額は約260億円（**資料21**）で、遅延損害金を含めて約330億円にのぼります。

米軍関係者による事件・事故などの被害に対する民事請求権を定めた日米地位協定18条は、訓練など「公務中」の米軍が第三者に損害を与えた場合、賠償額の75％を米国が、25％を日本が負担すると規定しています（同条5項e）。この規定に基づけば、米側の分担は約248億円になります。
　これに関して政府は、騒音訴訟の賠償金額の負担配分について、日米両政府の立場が異なっているとの見解を示し、「米軍の航空機は日米安保条約の目的達成のために所要の活動を行っている。このような活動を通じて発生した騒音問題は……賠償すべきものではないとの立場を（米国は）とっている」（岸田文雄外相、２０１７年3月23日の参院外交防衛委員会）と述べ、米側が負担を拒んでいることを明らかにしました。

資料21　全国の基地騒音訴訟と判決で確定した賠償額

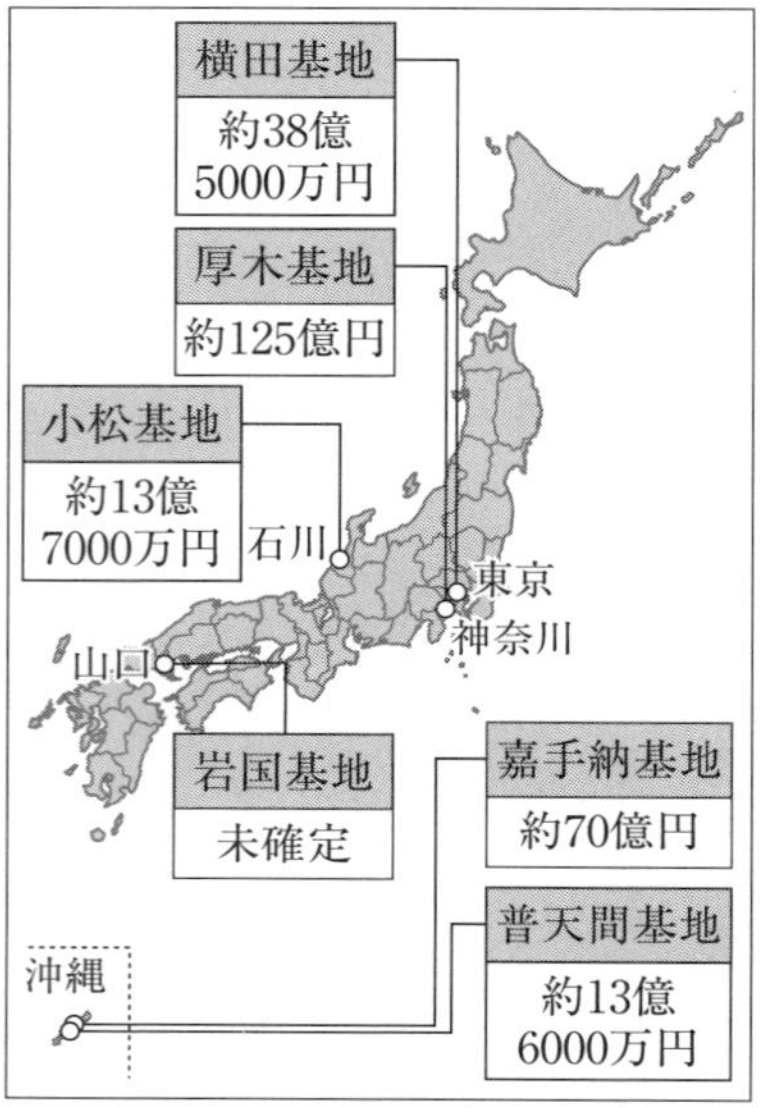

〝日本を守るためだから我慢しろ〟というごう慢な態度です。
　そもそも、米軍側に１００％責任がある事故でも、日本側が4分の1もの負担を強いられること自体が不当な規定です。しかし、外務省の機密文書「日米地位協定の考え方」は、「安保条約の運用との関連で生じたもの」であるから日本が一部負担すべきだとしています。米軍が「安保のためだ」として賠償金の支払いを拒んでいる根本には、こうした日本側の弱腰の姿勢があるのです。

◇

防衛省資料によれば、１９５２～２０１６年度までの米軍の「公務上」の事故は約５万件で死者は５２１人に達します。騒音訴訟の賠償金を除く賠償金額は約92億円です。

地位協定の規定では、日本側が賠償額を決定し、米側に請求します。しかし、支払い期限は「できるだけ速やかに」としているだけで、具体的な期日はありません。このため、被害者がいつ補償金を受け取れるのか、見通しがたたない実態があります。

２０１７年10月11日、沖縄県東村高江で農業を営む西銘晃さんが所有する牧草地に、米軍ＣＨ53Ｅヘリが不時着し炎上。米軍は事故現場を囲い込み、勝手に土壌を持ち去り、西銘さんに大きな被害を与えました。土壌の入れ替えなどは行なわれましたが、しかし、作物の補償について西銘さんは「（日米両政府は）栽培期間１年を経過した収量から算定する。つまり、（最低でも19年）４月以降になります」と語り、見通しがたっていないことを明らかにしました。

窓枠落下事故を起こした直後にも米海兵隊普天間基地から離陸し住宅密集地の上を飛行するCH53E＝2017年12月、沖縄県宜野湾市

米軍三沢基地（青森県三沢市）のＦ16戦闘機が18年２月20日、燃料タンク２本を同県東北町の小川原湖《おがわらこ》に投棄しました。小川原湖漁協は事故によって１カ月の間全面禁漁に追い込まれたとして損害賠償を請求。賠償金８５４０万円で合意しました。地位協定18条５項ｅに基づき75％を米側が、25％を日本側が支払いますが、日本

資料22　米軍関係者による公務中・外の事件・事故

年度	公務中			公務外	
	件数	死亡者数	賠償金額（円）	件数	死亡者数
2017	222	0	5584万	209	1
18	207	0	2億2636万	269	2
19	170	0	8797万	285	2
合計（1952～2019年）	50298	521	95億1061万	161814	576

防衛省が日本共産党の赤嶺政賢衆院議員に提出した資料から作成

住宅密集地の上をわが物顔で飛ぶ米海兵隊普天間基地のMV22オスプレイ＝沖縄県宜野湾市

側がいったん全額を支払い、後で米側に請求することになっています。

「公務外」に多発

米軍の「公務外」での事件・事故に関してはどうか。防衛省の資料によれば件数が１９５２～２０１９年までで16万件を超え、「公務中」の約3倍超です。死者は５７６人にのぼります（**資料22**）。強盗、殺人、強姦《ごうかん》といった凶悪犯罪はほぼ「公務外」に発生しています。

しかし、日米地位協定18条6項によれば、「公務外」の事件・事故で米側が支払うのはあくまで「慰謝料」であり、支払いの有無も米側が決定することになっています。そのため、多くの被害者が泣き寝入りを強いられています。

こうした被害者に対する救済制度として、１９９６年、米国政府が被害者や遺族に対し裁判所の判決で確定した損害賠償金を支払わない場合、日本政府がその差額を補てんする「ＳＡＣＯ見舞金」が設立されました。

しかし、実績額は２０１９年度までで約5億９０００万円にとどまります。さらに、判決で課せられる年５％の遅延損害金が含まれないなど、問題点も指摘されています。

米兵犯罪被害で示談見舞金の調印式を終えて会見する（右３人目から左へ）山崎氏、中村弁護士ら＝2017年11月17日、横浜市中区

泣き寝入りせず

こうした中、泣き寝入りせずに裁判をたたかった事例もあります。06年1月3日早朝に神奈川県横須賀市で前日から飲酒していた米兵による凄惨《せいさん》な暴行で妻を殺された山崎正則さんが起こした裁判です。

山崎さんは賠償だけでなく、米軍、日本政府の責任を追及して訴訟を継続。17年11月、判決額６５７３万９８２４円のうち、米国から２７９１万４４５８円、ＳＡＣＯ見舞金から３７８２万５３６６円を受け取ることで最終決着しました。

裁判を担当した中村晋輔弁護士は「米軍の『公務外』の事件でも、米軍の上司の監督責任が及ぶということを勝ち取った。『公務外だから米軍も日本政府にも責任はなく、関係ない』と言えなくなったので、この裁判の意義は大きい」と語ります。

示談に伴う免責の対象から日本政府が除外されるという成果もありました。中村氏は、18条6項の仕組みが「米側が見舞金を支払うかどうか、日本政府が法的責任を負わない仕組みになっていることが一番の問題」と指摘。「言葉では『被害者に寄り添う』と言っているが、米側の意向をただ伝えているだけだ。被害者側に立ち、被害の救済に向けて米側に言うべきことを言うべきだ」。

13　在日米軍関係経費　初の8000億円台（第24条　駐留経費）

地位協定第24条のポイント

○米軍の駐留経費は、次に規定するものを除き、日本に負担をかけないで米国が負担する。

○日本は、すべての施設・区域ならびに路線権（空港・港湾や共同使用施設など）を米国に負担をかけないで提供し、施設・区域や路線権の所有者に補償を行う。

膨らむ「辺野古」

2018年度に日本政府が計上した在日米軍関係経費の総額が8022億円になり、初めて8000億円台に達したことが分かりました。17年度を225億円上回り、4年連続で過去最高を更新（**資料23**）。外務省が日本共産党の赤嶺政賢衆院議員に提出した資料をもとに本紙が計算したものです。

在日米軍の兵士・軍属（6万1324人、18年9月現在）1人あたりで約1308万円に達しており、米国の同盟国でも突出しています。こうした経費負担があるから、米国は国際情勢がどう

資料23　在日米軍関係経費の推移

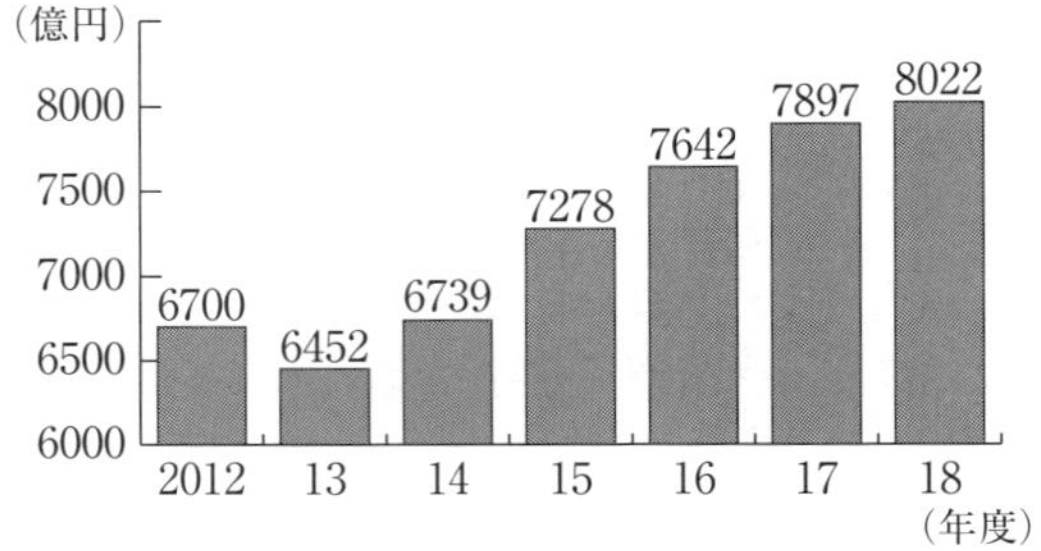

土砂の投入作業が強行された「Ｎ３」護岸付近＝２０１８年12月14日、沖縄県名護市の辺野古崎付近（小型無人機で撮影）

なろうと日本に基地を置き続けるのです。

在日米軍の活動経費のうち、日本側負担分を示す在日米軍関係経費の増大の要因は、米兵・軍属の労務費や光熱水料を負担する年間２０００億円規模の「思いやり予算」やＳＡＣＯ（沖縄に関する日米特別行動委員会）経費に加え、沖縄県名護市辺野古での新基地建設などで米軍再編経費が拡大したことです。

日米地位協定24条では、日米双方の米軍駐留経費負担のあり方を定めています。しかし、具体的に明記されている日本側の負担は施設・区域（基地や演習場）、土地の賃料や地主への補償と規定し、それ以外のすべての駐留経費は「日本国に負担をかけないで合衆国が負担する」としています。①思いやり予算②米軍再編経費③ＳＡＣＯ経費は協定上、支払い義務はありません。18年度の在日米軍関係経費８０２２億円のうち、この３分野が４１８０億円と半分以上を占めています（**資料24**）。

辺野古新基地建設に伴う埋め立て工事について、防衛省は沖縄県に提出した資金計画書で約２３００億円としていますが、沖縄県は軟弱地盤の改良工事などを含め総工費２兆６５００億円に達すると指摘しています。米軍向けの支出はさらに膨れあがる危険が大きい。

資料24　在日米軍関係経費（2018年度）**総額の内訳**

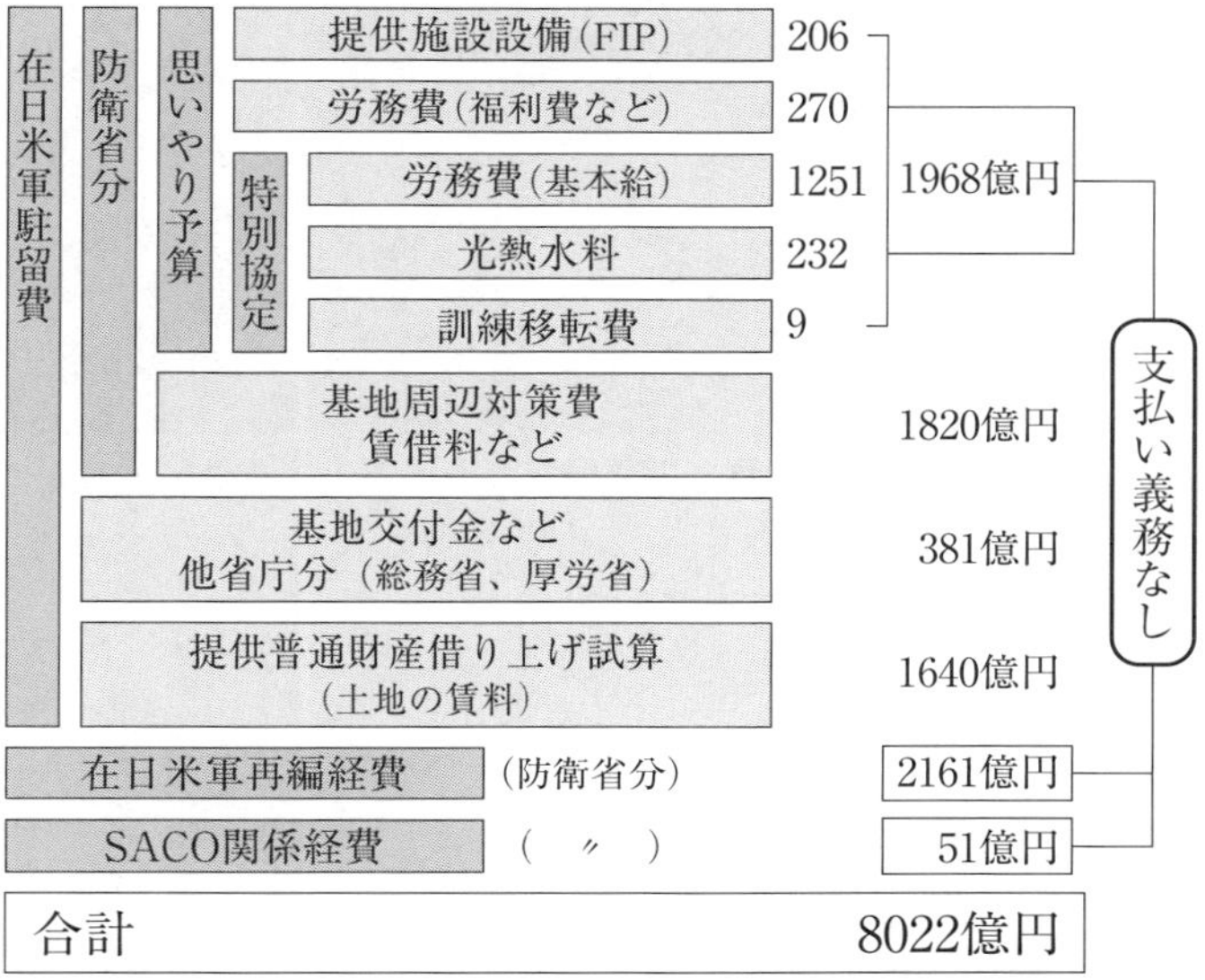

数字は四捨五入なので符合しないことがある

解釈拡大、日本の負担が肥大

当初の米軍駐留経費負担は、土地の賃料に加え、基地を抱える住民自治体

「思いやり予算」で建設された米軍の家族住宅＝米軍キャンプ・キンザー（沖縄県浦添市）

への〝迷惑料〟とも言える基地周辺対策経費、基地交付金のみでした。しかし米側は、１９７０年代にベトナム戦争の泥沼化などで財政が悪化すると、同盟国に「責任分担」を要求。日本政府は要求を受け入れ、「思いやり予算」（金丸信防衛庁長官）と称して78年度以降、基地従業員の福利厚生費の負担を開始しました。その後、労務費の一部や米軍の家族住宅、娯楽施設、さらに戦闘機の格納庫などといった施設建設費を負担。地位協定の解釈を拡大していきました（**資料25**）。

こうした拡大解釈も限界に達し、87年度には「暫定的、特例的措置」として特別協定を締結。水光熱費や従業員の基本給、空母艦載機の訓練移転費にまで拡大していきました。

特別協定は7回も延長され、事実上恒久化しています。２０１６年に更新された現行協定は、「思いやり予算」を16年度から20年度までの5年間で総額９４６５億円と、年２０００億円規模を維持する内容になっています。

１９７８年度に始まり、40年を迎えた「思いやり予算」。現行協定までの期間で、累計の支出総額は７兆６３１７億円になる見通しです。

さらに97年度からのＳＡＣＯ経費、２００６年度からの在日米軍再編経費と、「沖縄の負担軽減」を口実とした基地建設・たらい回し費用が継ぎ足されてきました。

こうした日本の米軍駐留経費負担は、世界でも突出しています（**資料26**）。17年2月に来日したマティス国防長官（当時）は日本について「世界の手本になる」と絶賛しました。

NATO（北大西洋条約機構）軍地位協定には、駐留経費負担に関する規定自体が存在しません。ドイツやイタリアでは、労務費、光熱水料、施設整備費は全て米側負担です。

一方、米韓地位協定には、日本と同様に韓国側の経費負担義務があります。1987年度に始まった日米の特別協定に続き、米韓も91年に米韓防衛費分担特別協定（SMA）を締結。日本が特別協定を締結したことが韓国側への圧力として作用した可能性があります。

資料25　米軍関係経費・拡大の過程

年度	拡大の内容
1978	金丸信防衛庁長官が「思いやり」発言。基地従業員の福利厚生費の負担開始
79～	施設建設費の支出を開始
87～	特別協定を締結。基地従業員の基本給、米軍基地、住宅の水光熱料、訓練移転費などを負担
97～	SACO経費の負担を開始
2006～	在日米軍再編経費の負担開始
16	新協定締結。5年間で「思いやり予算」総額9465億円の負担を決定

資料26　2012年の米軍駐留経費負担

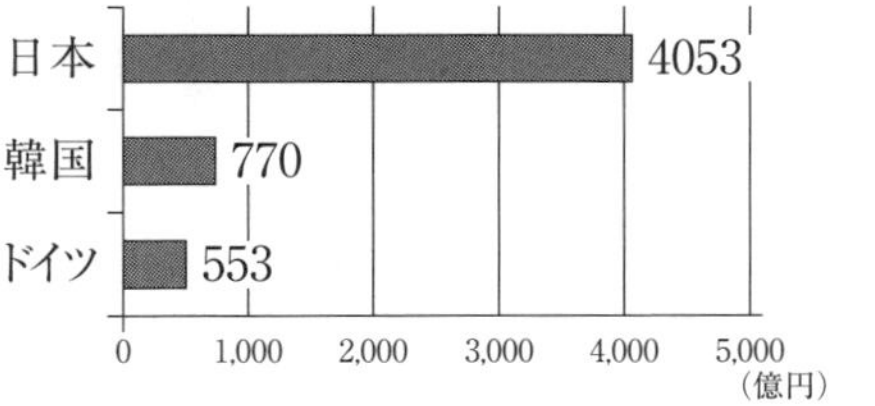

韓国国会「韓国、日本、ドイツの防衛費分担金比較」（ハンギョレ新聞電子版2016年11月11日付から作成）

韓国の費用分担は年々拡大し、2018年は9602億ウォン（約960億円）となっています。現行協定が同年12月末で期限切れになるのに伴い、新協定の締結交渉が行われましたが、トランプ政権は1兆3000億ウォンへの引き上げを要求。21年2月現在、決着はついていません。

また、在韓米軍はＳＭＡで提供された資金に関する年次報告書を国会に提出することになっています。事実上の〝つかみ金〟となっている日本の支出とは大きく違っています。

14　密約製造機　日米合同委員会（第25条　日米合同委員会）

地位協定第25条のポイント
○地位協定の実施に関する全事項を協議する。
○米軍に提供する基地や演習区域などを決定する。

一握りの官僚や軍人で構成され、日本の主権を侵害する取り決めを行う――それが日米合同委員会です。「密約製造マシン」とも言われる同委員会への批判が高まっています。

日米合同委員会は、日本側が外務省北米局長など6人、米側が在日米軍副司令官など7人で構成され、36の分科委員会・部会などが連なっています（**資料27**）。日米の比率が6対7となっており、米側が最終決定権を握っていることは明らかです。

日米地位協定第25条は、①「協定の実施に関して相互間の協議を必要とするすべての事項に関する」協議を行う②「特に、合衆国が相互協力及び安全保障条約の目的の遂行に当たって使用するため必要とされる日本国内の施設及び区域を決定する」と規定しています。地位協定の実施規則や、米軍への基地提供を決めるのが同委員会の役割です。

最近では、①オスプレイに関する合意（2012年9月）②環境補足協定（15年9月）③軍属の定義に関する補足協定（17年1月）などがあります。

こうした取り決めは2国間条約・協定に当たり、国会で審議すべきものです。しかし、外務省の機密文書「日米地位協定の考え方」は、合同委員会の合意が「両政府を拘束する」としています。実務的な機関であるはずなのに、国会や政府の上に位置づけられているのです。

「考え方」は、「地位協定又は日本法令に抵触する合意を行うことはできない」としています。しかし、日米合同委員会は地位協定を超えた合意も行っています。米軍は首都圏などで航空管制業務を掌握していますが、これに関する規定は地位協定にありません。日米合同委員会の「航空交通管制に関する合意」（１９７５年５月）が唯一の根拠です。

日米合同委員会は、米軍の同盟国の中でも異質な存在です。ＮＡＴＯ（北大西洋条約機構）軍地位協定には合同委員会に関する規定自体がありません。

合同委員会は米軍の占領特権を引き継いだ日米行政協定（52年2月）に盛りこまれ、独立後も米軍が日本の内政に関与する起点として地位協定に引き継がれました。

それを如実に示すのが、国際問題研究者の新原昭治氏が入手した59年12月4日付の在日米大使から米国務長官にあてた電文です。電文は、翌年に締結される見通しの地位協定3条に「関係法令の範囲内で」と記されることについて、在日米軍の活動のため「日本の法改正を求めることの望ましさ・必要性について合同委員会は論議する」としています。

日米合同委員会では、米軍が日本の法改正も提起できるのです。

資料27　日米合同委員会の組織図

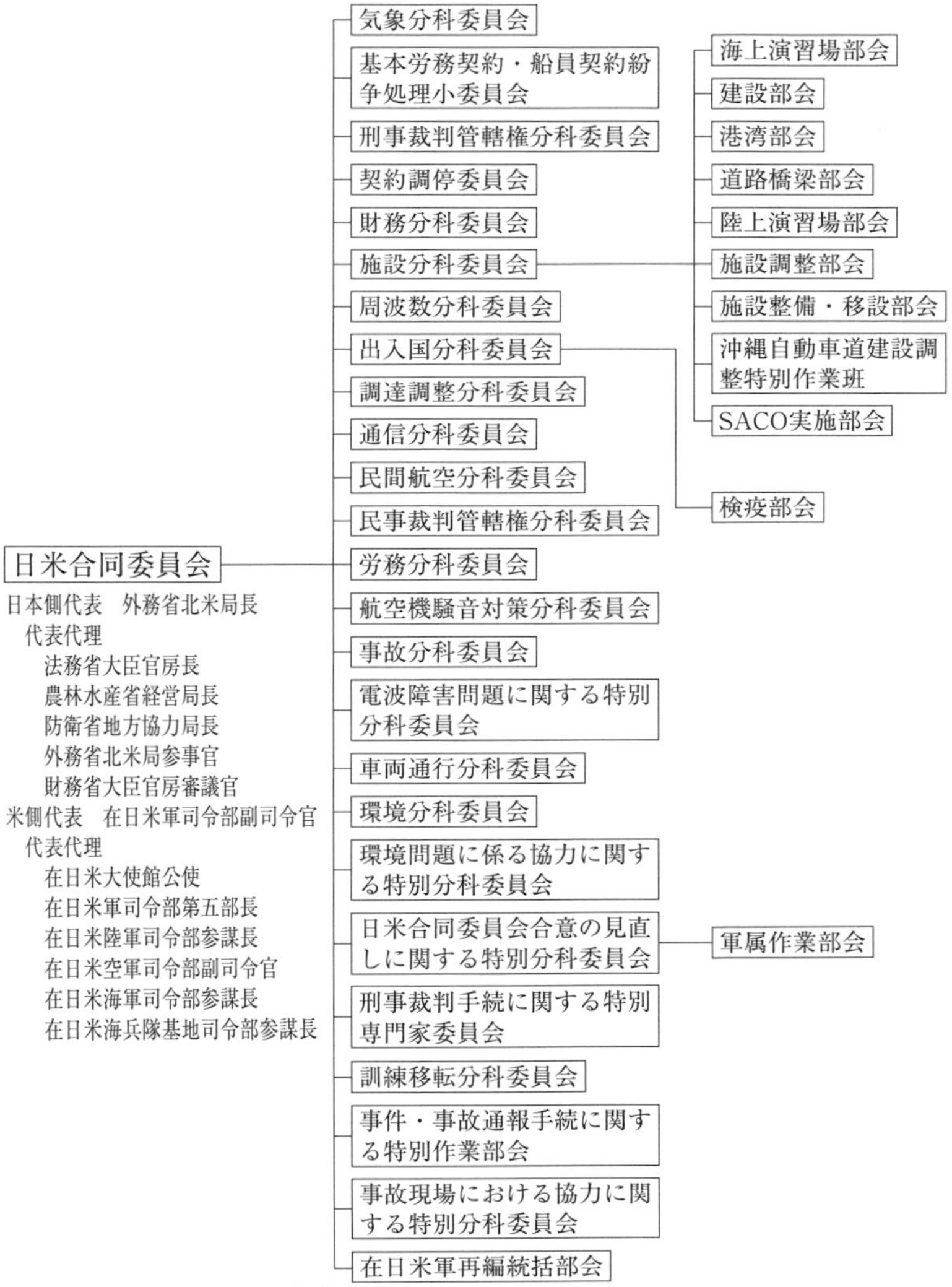

外務省ホームページから作成

情報隠し

合同委員会の深刻な問題は、徹底的な密室性、情報隠ぺいです。会合はおおむね月に2~3回、米軍ニュー山王ホテル（**写真①**）と外務省で交互に開かれていると見られますが、日時・場所、回数、議事録などすべて非公開です。

２０１５年3月に起こされた行政訴訟で、防衛省沖縄防衛局は第1回日米合同委員会議事録（１９６０年6月23日付）の一部（**写真②**）を提出。そこには、「議事録は（日米）双方の同意がない限り公表されない」と記されています。

日本共産党の笠井亮衆院議員が「取り扱い厳重注意」と記された２０１２年7月26日付の合同委員会議事録を国会で暴露（16年5月13日）。全国で懸念の声が上がっていたMV22オスプレイの配備について、表では学校や人口密集地では飛行しないと言いながら、「オスプレイの運用に制約を課すことなく取り得る措置」を協議すると明記されていました。

日米合同委員会の合意は一部公表されていますが、多くは隠され、「密約」化しています。米軍関係者の犯罪について、「日本国にとって著しく重要」でない限り、日本側が第1次裁判権を放棄するとした、１９５３年10月28日の日米合同委員会裁判権分科委員会の非公開議事録（２０１１年8月に公開）など、日本の主権を著しく侵害するものもあります。

①米軍関係者が宿泊するニュー山王ホテル＝東京都港区

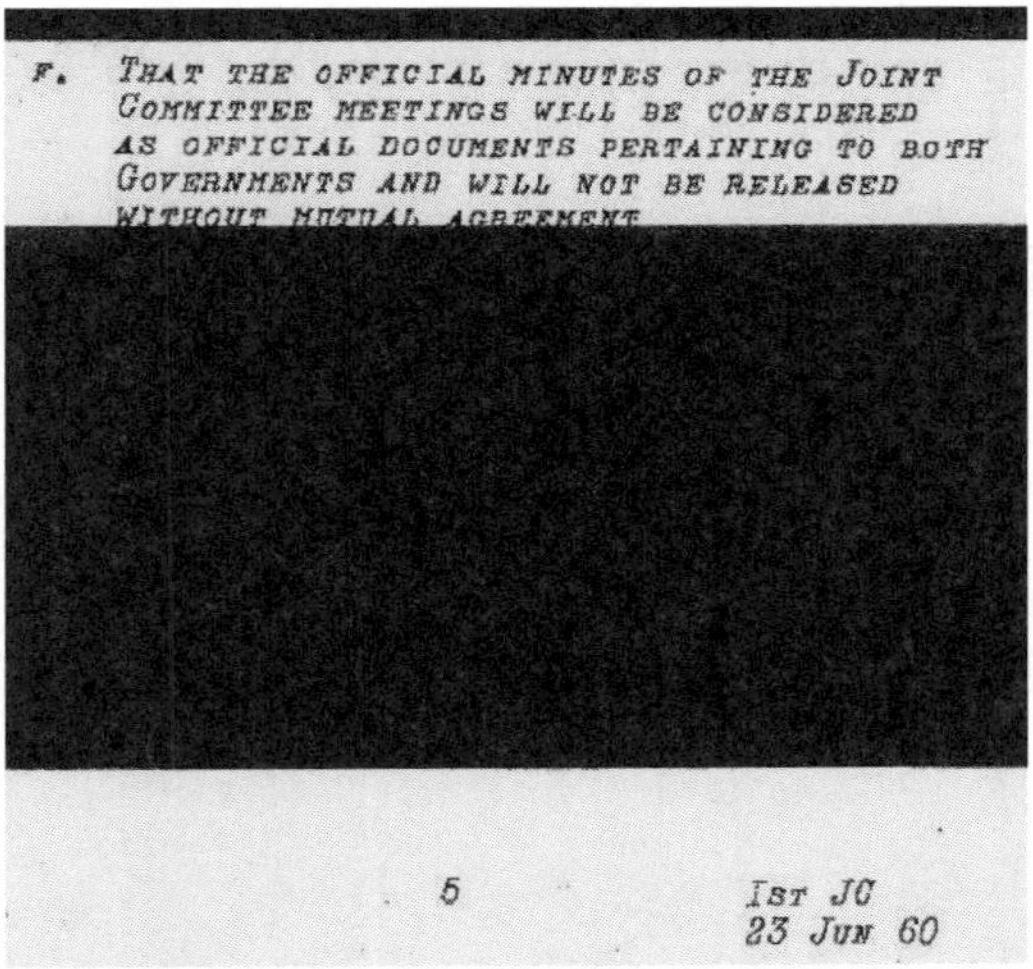

F. THAT THE OFFICIAL MINUTES OF THE JOINT COMMITTEE MEETINGS WILL BE CONSIDERED AS OFFICIAL DOCUMENTS PERTAINING TO BOTH GOVERNMENTS AND WILL NOT BE RELEASED

[redacted]

5

1ST JC
23 JUN 60

②1960年6月23日付第１回日米合同委員会議事録。「合同委員会の公式議事録は双方の合意がない限り公表されない」と記されている（提供・NPO法人・情報公開クリアリングハウス）

米韓では

一方、米韓地位協定も合同委員会の設置を規定していますが、情報公開では前進しています。以前から日時、場所、回数については公表していたのに加え、17年10月の第１９８回米韓合同委員会では、「あらゆる可能な方法で、地位協定に関する非機密情報を公開する」ことで合意しました。

協定改定へ地方から声を

ジャーナリスト　吉田敏浩さん

日米合同委員会は米軍優位の地位協定の構造を裏側から支える仕組みです。密室の合意すなわち密約で米軍の特権を認めています。私は拙著『「日米合同委員会」の研究』（創元社）で、こう提言しました。

▽地位協定の解釈と運用を合同委員会の密室協議に委ねず、開かれた場でチェックするため、国会に日米地位協定委員会を設ける▽国政調査権により合同委員会の全面的な情報公開を進め、密約も廃棄する▽地位協定の不平等解消に向けた抜本的改定とともに合同委員会も廃止する――。

しかし、安倍政権の国会軽視に追従する与党国会議員のありさまからして、現状では極めて実現困難です。地位協定の改定に取り組める政治への変革が望まれます。全国知事会が地位協定の抜本的見直しを求める提言を出し、地方議会で同様の意見書も決議されています。こうした自治体での保守・革新の違いをこえた動きが広がれば、与党国会議員も地元の声を無視もできず、地位協定の改定問題に何らかの姿勢を示すことを迫られるでしょう。

この自治体・地域からの動きを広げるためにも、地位協定の不平等性と日米合同委員会の不透明性を明らかにし、世論に訴えていくことが必要です。

おわりに

「憲法の上に日米地位協定があり、国会の上に日米合同委員会がある」——。沖縄県の翁長雄志前知事は生前、こう訴えかけ、過重な基地負担の元凶である日米地位協定の抜本的改定に向け、日本全国で議論し、日米両政府に働きかけていくことを求めていました。

オスプレイの墜落や小学校の校庭への米軍ヘリの窓枠落下など、この2~3年で異常な事故が相次ぐとともに、米軍機の低空飛行訓練やオスプレイの全国展開など、米軍の横暴な訓練や事故の危険が日本全国で広がったことを受け、地位協定への関心はかつてなく高まっています。全国知事会の提言や、日米地位協定の抜本的改定を求める全国各地の地方議会での意見書採択、さらに国政野党が地位協定の改定で一致し、国会で政府を追及するなど、地位協定改定に向けた機運は広がっています。これ以上、新しい基地はいらないと沖縄県民が声を上げ、玉城デニー氏が圧勝した沖縄県知事選（2018年9月）、辺野古埋め立て反対が7割を超えた県民投票（19年2月）とあわせ、主権回復を求める声を高める好機といえます。

本書がそうした国民的な議論・運動の一助になれば幸いです。

また、沖縄県は各国の地位協定調査を精力的に行っており、報告書が随時、公表されています。沖縄県ホームページの「地位協定ポータルサイト」を開けば、日米地位協定全文や各国の地位協定を深く知ることができます。ぜひ、ご覧ください。

［資料］ 全国知事会の提言（全文）

2018年7月27日 （太字は原文のもの）

米軍基地負担に関する提言

全国知事会においては、沖縄県をはじめとする在日米軍基地に係る基地負担の状況を、基地等の所在の有無にかかわらず広く理解し、都道府県の共通理解を深めることを目的として、平成28年11月に「米軍基地負担に関する研究会」を設置し、これまで6回にわたり開催してきました。

研究会では、日米安全保障体制と日本を取り巻く課題、米軍基地負担の現状と負担軽減及び日米地位協定をテーマに、資料に基づき意見交換を行うとともに、有識者からのヒアリングを行うなど、共通理解を深めてきました。

その結果、

① 日米安全保障体制は、国民の生命・財産や領土・領海等を守るために重要であるが、米軍基地の存在が、航空機騒音、米軍人等による事件・事故、環境問題等により、基地周辺住民の安全安心を脅かし、基地所在自治体に過大な負担を強いている側面がある。

② 基地周辺以外においても艦載機やヘリコプターによる飛行訓練等が実施されており、騒音被害や事故に対する住民の不安もあり、訓練ルートや訓練が行われる時期・内容などについて、関係の自治体への事前説明・通告が求められている。

③ 全国的に米軍基地の整理・縮小・返還が進んでいるものの、沖縄県における米軍専用施設の基地面積割合は全国の7割を占め、依然として極めて高い。

④ 日米地位協定は、締結以来一度も改定されておらず、補足協定等により運用改善が図られているものの、国内法の適用や自治体の基地立入権がないなど、我が国にとって、依然として十分とは言えない現況である。

⑤ 沖縄県の例では、県経済に占める基地関連収入は復帰時に比べ大幅に低下し、返還後の跡地利用に伴う経済効果は基地経済を大きく

上回るものとなっており、経済効果の面からも、更なる基地の返還等が求められている。といった、現状や改善すべき課題を確認することができました。

米軍基地は、防衛に関する事項であることは十分認識しつつも、各自治体住民の生活に直結する重要な問題であることから、何よりも国民の理解が必要であり、国におかれては、国民の生命・財産や領土・領海等を守る立場からも、以下の事項について、一層積極的に取り組まれることを提言します。

記

1　米軍機による低空飛行訓練等については、国の責任で騒音測定器を増やすなど必要な実態調査を行うとともに、**訓練ルートや訓練が行われる時期**について**速やかな事前情報提供**を必ず行い、関係自治体や地域住民の不安を払拭した上で実施されるよう、十分な配慮を行うこと

2　**日米地位協定を抜本的に見直し**、航空法や環境法令などの国内法を原則として米軍にも適用させることや、事件・事故時の自治体職員の迅速かつ円滑な立入の保障などを明記すること

3　米軍人等による**事件・事故**に対し、**具体的かつ実効的な防止策**を提示し、継続的に取組みを進めること

また、飛行場周辺における**航空機騒音規制措置**については、**周辺住民の実質的な負担軽減**が図られるための運用を行うとともに、同措置の実施に伴う効果について検証を行うこと

4　施設ごとに必要性や使用状況等を点検した上で、基地の整理・縮小・返還を積極的に促進すること

平成30年7月27日

全国知事会

検証《けんしょう》　日米地位協定《にちべいちいきょうてい》　主権《しゅけん》を取《と》り戻《もど》すために

2019年３月23日　初　版
2021年２月19日　第３刷

著　者　「しんぶん赤旗」政治部 安保・外交班
発　行　日本共産党中央委員会出版局
〒151-8586　東京都渋谷区千駄ヶ谷 4-26-7
TEL 03-3470-9636 / mail:book@jcp.or.jp
http://www.jcp.or.jp
振替口座番号 00120-3-21096
印刷・製本　株式会社 光陽メディア

ISBN978-4-530-01681-6　C0031　Printed in Japan